安洋◎编著

新娘发型设计教程200例

人民邮电出版社
北京

图书在版编目（CIP）数据

新娘发型设计教程200例 / 安洋编著. -- 北京 : 人民邮电出版社, 2017.8
ISBN 978-7-115-46078-3

Ⅰ. ①新… Ⅱ. ①安… Ⅲ. ①女性－结婚－发型－造型设计 Ⅳ. ①TS974.21

中国版本图书馆CIP数据核字(2017)第133333号

内 容 提 要

本书精选了200个新娘发型设计案例，分为新娘经典白纱发型、新娘经典晚礼发型和新娘经典中式发型三大部分。其中，新娘经典白纱发型包括唯美浪漫、复古雅致、高贵气质、时尚简约、森系灵动几种风格，新娘经典晚礼发型包括唯美、高贵、复古、气质几种风格，新娘经典中式发型包括古典旗袍发型、古典秀禾服发型和古典龙凤褂发型。本书以图文并茂的形式展示发型设计的步骤，通俗易懂。

本书适合化妆造型师、新娘跟妆师使用，同时可供化妆造型相关培训学校的学生学习和使用。

◆ 编　　著　安　洋
责任编辑　赵　迟
责任印制　陈　犇
◆ 人民邮电出版社出版发行　北京市丰台区成寿寺路11号
邮编　100164　电子邮件　315@ptpress.com.cn
网址　http://www.ptpress.com.cn
北京盛通印刷股份有限公司印刷
◆ 开本：787×1092　1/16
印张：26.5
字数：887千字　2017年8月第1版
印数：1－2 600册　2017年8月北京第1次印刷

定价：128.00元

读者服务热线：(010)81055410　印装质量热线：(010)81055316
反盗版热线：(010)81055315
广告经营许可证：京东工商广登字20170147号

前　言

新娘化妆造型是化妆造型领域中需求量非常大的一个方向，究其原因，主要是面对的顾客群体是大众，相对于其他化妆造型领域的顾客群体更加广泛。在新娘化妆造型中，造型相对于妆容来说在技术上难度会更大些，这主要是因为造型时新娘的发量、发长、喜好等不确定的因素相对于妆容来说会更多一些。作为新娘化妆造型师，不能只掌握少量的几款造型，而不去从顾客的实际需求出发。每个人的审美各不相同，化妆造型师应该从自己的专业角度给顾客合理的建议，为顾客打造满意的造型。所以，化妆造型师需要掌握更多的造型样式，以便满足客户的各种不同需求。

新娘发型一般分为白纱、晚礼和中式造型，基本可以满足婚纱照的拍摄及婚礼当天各个环节的造型需要。拍婚纱照和婚礼当天的发型并不是完全不同的，只是根据新娘的喜好和场景需要在饰品的佩戴上会有一些区别。一般拍婚纱照时佩戴的饰品会更加多样，婚礼当天佩戴的饰品会相对简洁一些。本书的内容分为三大部分，有 12 种详细分类，共 200 款造型，诠释了新娘的各种造型样式。其中白纱发型部分讲解了唯美浪漫、复古雅致、高贵气质、时尚简约、森系灵动几种风格，从多种造型角度来解读不同样式的白纱发型；晚礼发型部分讲解了唯美、高贵、复古、气质几种风格，将晚礼发型从细节之处加以分析；中式发型部分讲解了古典旗袍发型、古典秀禾服发型和古典龙凤褂发型，将中式新娘发型用案例进行解析。

造型是可以千变万化的，不同的人、不同的发量、不同的细节处理都能打造出全新的发型样式。希望大家在学习书中的发型案例时能从手法和细节出发，而不是一味地照样学样，这样才能掌握更多的东西，创造出更符合需求的发型样式。

书中所涉及的模特及工作人员众多，在此深表感谢，感谢大家的辛苦付出。

最后感谢编辑老师对我的帮助，让我不断地进步成长；也感谢对我工作的督促和大力支持，使多本书籍能一一呈现在读者面前。

安洋

2017.5

新娘唯美浪漫
白 纱 发 型
016
016
018
020
022
024
026
028
030
032
034
036
038
040
042
044
046
048
050
052
054
056
058
060
062

064
066
068
070
072
074
076
078
新娘复古雅
致白纱发型
080
080
082
084
086
088
090
092
094
096
098
100
102
104
106
108
110

112
114
116
118
120
122
124
126
新娘高贵气质
白 纱 发 型
128
128
130
132
134
136
138
140
142
144
146
148
150
152
154
156
158

新娘时尚简约
白 纱 发 型
160
162
164
166
168
170
172
174
176
178
180
182
184
184
186
188
190
192
194
196
198
200
202
204
206

208
210
212
214
216
218
220
222
224
226
228
230
232
234
236
238
240
242
新娘森系灵动
白 纱 发 型
244
244
246
248
250
252
254

256
258
260
262
264
266
268
270
272
274
276
278
280
282
284

新娘经典晚礼发型 / 287

新娘气质
晚礼发型

新娘经典中式发型 / 367

412
414
416
418

BRIDE

新娘经典白纱发型

学习要点：辫子在后发区位置交错摆放，最终形成一个饱满的轮廓。

01 将后发区的头发在后发区下方扎马尾。

02 从左侧发区取头发，进行两股辫编发并抽丝。

03 将抽丝好的头发在后发区右侧固定。

04 从右侧发区取头发，进行两股辫编发并抽丝。

05 将抽丝好的头发在后发区左侧固定。

06 将左侧发区剩余的头发进行两股辫编发并抽丝。

07 将抽丝好的头发在后发区下方固定。

08 将右侧发区剩余的头发进行两股辫编发，抽丝后在后发区下方固定。

09 从后发区马尾中取部分头发，进行两股辫编发并抽丝。

10 将抽丝好的头发在左侧发区固定。

11 将后发区马尾剩余的头发进行两股辫编发并抽丝。

12 将抽丝好的头发在右侧发区固定。

13 将剩余散落的发丝用电卷棒烫卷。

14 在头顶位置佩戴绢花饰品，用发丝修饰造型花。

学习要点：利用电卷棒对造型细节位置的头发进行烫发，使造型呈现更为丰富的层次感。

01 在顶区位置取头发，进行四股交叉。

02 将头发进行鱼骨辫编发并抽出层次。

03 将鱼骨辫向上打卷并固定。

04 在后发区左侧取头发，进行两股辫编发，抽出层次，在后发区右侧固定。

05 在后发区右侧取头发，进行两股辫编发，抽出层次，在后发区左侧固定。

06 在后发区下方取头发，进行鱼骨辫编发，抽出层次。

07 将抽好层次的发尾收起并固定。

08 将后发区剩余的头发进行两股辫编发并抽出层次。

09 将抽好层次的头发固定在后发区的鱼骨辫上。

10 调整头发的层次，进行细节固定。

11 在左侧发区取头发，进行两股辫编发，适当抽出层次，在后发区右侧固定。

12 在右侧发区取头发，进行两股辫编发，适当抽出层次，在后发区左侧固定。

13 将剩余的头发用小号电卷棒烫卷，然后向上收拢。

14 佩戴饰品，装饰造型。

学习要点：将辫子抽丝后在头顶位置交错固定，使造型的层次更加丰富。

01 将右侧发区的头发进行三股辫编发。

02 将编好的头发抽出层次。

03 将抽丝好的辫子在头顶位置固定。

04 将左侧发区的部分头发进行三股辫编发。

05 将编好的辫子抽出层次，在头顶位置固定。

06 从顶区位置取一束头发，进行两股辫编发并抽丝。

07 将抽丝好的头发在头顶位置固定。

08 将左侧发区剩余的头发进行两股辫编发。

09 将编好的头发抽出层次，在刘海区固定。

10 在后发区取一束头发，进行两股辫编发。

11 将编好的头发抽出层次，在后发区右侧固定。

12 将剩余的头发进行两股辫编发并抽丝。

13 将抽丝好的头发在后发区左侧固定。

14 佩戴饰品，点缀造型。

学习要点：偏向一侧的造型在佩戴饰品时，两边不需要一样，但要做到基本的平衡。

01 将刘海区的头发调整出弧度。

02 将调整好弧度的头发用波纹夹固定。

03 将刘海区头发的发尾及右侧发区的头发在右侧发区向上打卷并固定。

04 在后发区取一束头发，进行鱼骨辫编发。

05 将编好的头发进行抽丝。

06 将抽丝好的头发在右侧发区向上提拉并固定。

07 继续在后发区取一束头发，进行两股辫编发。

08 将编好的头发进行抽丝，并将其在后发区右侧固定。

09 将后发区剩余的头发用电卷棒烫卷。

10 将烫卷好的发丝调整出层次，并固定在右侧发区的盘发上。

11 在刘海区佩戴饰品，装饰造型。

12 在盘发上佩戴花朵，点缀造型。

学习要点：造型两侧的头发不要处理得过于光滑，适当打造出一些蓬松感和层次感。

01 将刘海区的头发进行两股扭转编发。

02 将编好的头发抽丝，抽出层次。

03 将抽丝好的头发在右侧发区固定。

04 在后发区取一束头发，进行两股辫编发。

05 将编好的头发抽丝，抽出层次。

06 将抽丝好的头发在后发区右侧固定。

07 将左侧发区的头发进行两股辫编发。

08 将编好的头发抽出层次，在左侧发区固定。

09 在后发区左侧取一束头发，进行两股辫编发。

10 将编好的头发抽出层次，在左侧发区固定。

11 将后发区剩余的头发在后发区下方收拢并固定。

12 在头顶位置佩戴饰品，装饰造型。

13 佩戴绢花，点缀造型。

学习要点：两侧面颊处的发丝要有一些层次纹理感，不要处理得过于光滑，否则会使造型显得生硬呆板。

01 将右侧发区的头发进行两股辫编发并将其抽出层次。

02 将抽丝好的头发在右侧发区向下打卷并固定。

03 在后发区右侧取一束头发，进行两股扭转并抽出层次。

04 将头发在后发区右侧打卷并固定。

05 继续在后发区右侧取一束头发，进行两股扭转。

06 将扭转好的头发在后发区右侧打卷并固定。

07 将左侧发区的头发进行两股扭转并抽出层次。

08 将头发在左侧发区固定。

09 在后发区左侧取一束头发，进行两股扭转并抽出层次。

10 将抽丝好的头发在后发区左侧打卷并固定。

11 将后发区剩余的头发进行两股扭转并抽出层次。

12 将抽丝好的头发在后发区左侧固定。

13 佩戴饰品，装饰造型。

学习要点：将后发区的头发进行扭转和打卷处理，并左右叠加交错固定，使造型轮廓更加饱满。

01 在顶区位置取头发，进行四股交叉。

02 将头发向下进行鱼骨辫编发。

03 将编好的头发向上打卷，收起并固定。

04 将后发区左侧的头发向后发区右侧提拉，扭转并固定。

05 将后发区右侧的头发向后发区左侧提拉，扭转并固定。

06 在后发区右下方取头发，向左侧提拉，扭转并固定。

07 将后发区剩余的头发向上打卷并固定。

08 将左侧发区的部分头发进行两股辫编发，在后发区右侧固定。

09 将右侧发区的部分头发进行两股辫编发，在后发区左侧固定。

10 将剩余的头发用电卷棒烫卷。

11 将刘海区的头发用电卷棒向下烫卷。

12 调整好右侧发区头发的层次，将其在后发区固定。

13 调整好左侧发区头发的层次，将其在后发区固定。

14 佩戴饰品，装饰造型。

学习要点：注意表面发丝层次的塑造，发丝与饰品的搭配提升了整体造型的唯美感，使造型更加灵动。

01 在头顶位置取头发，进行三股交叉。

02 向右侧发区方向进行三带二编发。

03 将编好的头发在后发区左侧固定。

04 将左侧发区的头发进行三股辫编发。

05 将编好的头发在后发区固定。

06 对编好的头发的层次做适当调整。

07 将顶区及后发区部分头发进行两股辫编发。

08 将编好的头发适当抽出层次。

09 将抽丝好的头发打卷并固定，再调整其层次。

10 将两侧发区剩余的头发用电卷棒烫卷。

11 将后发区剩余的头发用电卷棒烫卷。

12 烫好卷后将后发区的头发打卷，在后发区下方固定。

13 调整造型表面发丝层次，喷胶定型。

14 佩戴饰品，装饰造型。

学习要点：饰品相互结合佩戴，有主有辅，使整体造型更具浪漫感。

01 从顶区取部分头发，进行鱼骨辫编发。

02 将编好的头发适当抽出层次。

03 将抽好层次的头发向上打卷并固定。

04 保留部分左侧发区的头发，将剩余的头发进行三股辫编发后抽丝。

05 将抽丝好的头发提拉至顶区并固定。

06 保留部分右侧发区的头发，将剩余的头发进行三股编发后抽丝。

07 将抽丝好的头发提拉至头顶位置并固定。

08 在后发区取一束头发，进行两股辫编发后抽丝。

09 将抽丝好的头发向上打卷，在顶区固定。

10 将后发区右侧的头发进行两股辫编发，抽出层次并在顶区左侧固定。

11 将后发区剩余的头发进行两股辫编发，抽出层次并在后发区右侧固定。

12 在头顶佩戴饰品。

13 整理刘海区的头发，调整剩余发丝的层次，将其在顶区固定。

14 佩戴造型花，点缀造型。

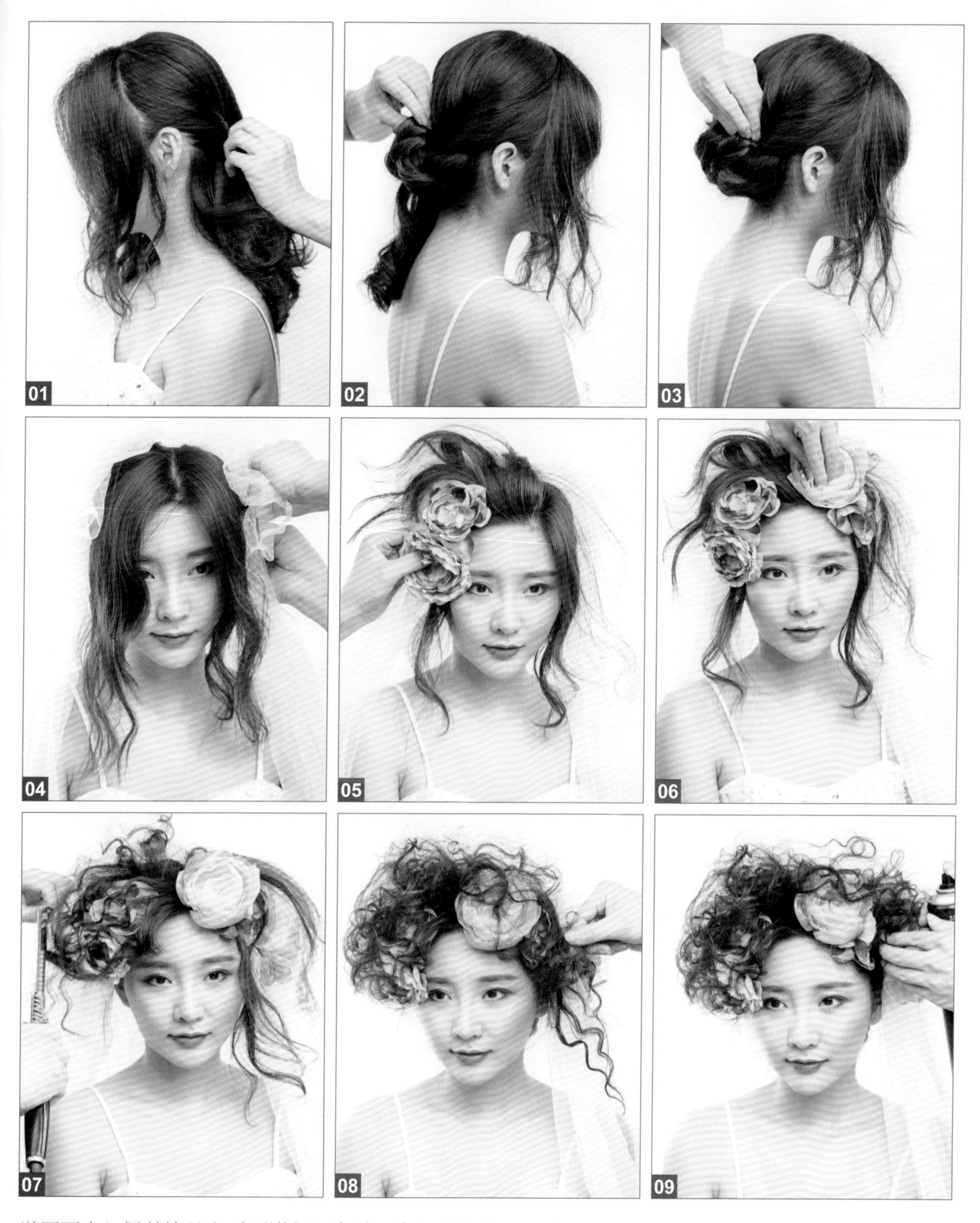

学习要点：佩戴饰品之后再进行烫发并用发丝修饰饰品，这样更利于两者之间的结合。

01 将后发区左右两侧的头发向后扭转并固定。

02 在后发区右侧取头发，进行三股辫编发，向上打卷并固定。

03 将后发区剩余的头发进行三股辫编发，向上打卷并固定。

04 在头顶位置佩戴头纱，将头纱抓出褶皱层次并固定。

05 在右侧发区佩戴造型花。

06 在左侧发区佩戴造型花。

07 将剩余的发丝用小号电卷棒烫卷。

08 整理发丝层次，对饰品进行适当遮挡。

09 调整好发丝的层次，喷胶定型。

学习要点：两侧发区自然散落的发丝使造型呈现更加柔美的感觉。

01 将后发区的头发进行两股辫编发。

02 将编好的头发向上打卷并固定。

03 将左侧发区的头发进行两股辫编发，在后发区固定。

04 将右侧发区的头发进行两股辫编发。

05 将编好的头发在后发区固定。

06 将顶区的头发倒梳，梳光表面并向下打卷，使顶区呈现一定的饱满度后固定。

07 将刘海区的头发进行两股辫编发，适当抽出层次。

08 将抽丝好的头发在后发区右侧固定。

09 用电卷棒将散落的发丝烫卷。

10 调整发丝层次并对发丝喷胶定型。

11 佩戴蕾丝发带，装饰造型。

12 佩戴造型花，装饰造型。

学习要点：佩戴头纱，使发型呈现若隐若现的感觉，使造型更加柔和、不生硬。

01 将左侧发区的头发向前打卷并固定。

02 从后发区左侧取一束头发，在左侧发区打卷并固定。

03 在后发区左侧取一束头发，进行三股辫编发。

04 将编好的头发在左侧发区打卷并固定。

05 从固定好的头发中抽拉出一些发丝。

06 将刘海区的头发进行两股辫编发并抽出层次。

07 将抽丝好的头发在后发区固定。

08 从顶区取一束头发，进行两股辫编发。

09 将编好的头发抽出层次，在后发区右侧固定。

10 从后发区取一束头发，进行两股辫编发并抽出层次，在后发区右下方固定。

11 用电卷棒将散落的剩余发丝烫卷。

12 将烫好的头发整理出层次，修饰造型。

13 继续用发丝修饰造型。

14 佩戴头纱和饰品，装饰造型。

学习要点：将编发在顶区固定，可以使顶区造型的轮廓更饱满，更具有层次感。

01 在顶区取一束头发，进行三股辫编发。

02 将编好的头发抽出层次。

03 用皮筋在辫子约三分之二处将辫子扎起来。

04 将后发区右侧的头发进行两股辫编发并抽出层次。

05 将抽丝好的头发从后发区左侧绕至头顶并固定。

06 将后发区左侧的头发进行两股辫编发并抽出层次。

07 将抽丝好的头发从后发区右侧绕至头顶并固定。

08 将右侧发区的头发进行两股辫编发。

09 将编好的头发适当抽出层次并在后发区的辫子上固定。

10 将左侧发区的头发进行两股辫编发并抽出层次，在后发区的辫子上固定。

11 在右侧发区佩戴饰品，装饰造型。

12 在后发区佩戴饰品，装饰造型。

学习要点：将刘海区的头发处理出自然、有空间感的层次，可以使其与饰品之间的结合更加生动自然。

01 保留刘海区的头发，将剩余的头发在后发区扎低马尾。

02 从马尾右侧分出一束头发，向后发区左侧打卷并固定。

03 从马尾左侧取一束头发，向后发区右侧打卷并固定。

04 从后发区右侧取一束头发，进行三股辫编发。

05 将编好的头发向上盘绕并固定。

06 将后发区剩余的头发进行三股辫编发。

07 将编好的头发向上盘绕并固定。

08 调整刘海区的头发，将其抽出蓬松的层次。

09 将抽好层次的头发在后发区固定。

10 在刘海区右侧佩戴饰品，装饰造型。

11 调整刘海区的发丝，适当对饰品进行修饰。

12 在左侧佩戴饰品，装饰造型。

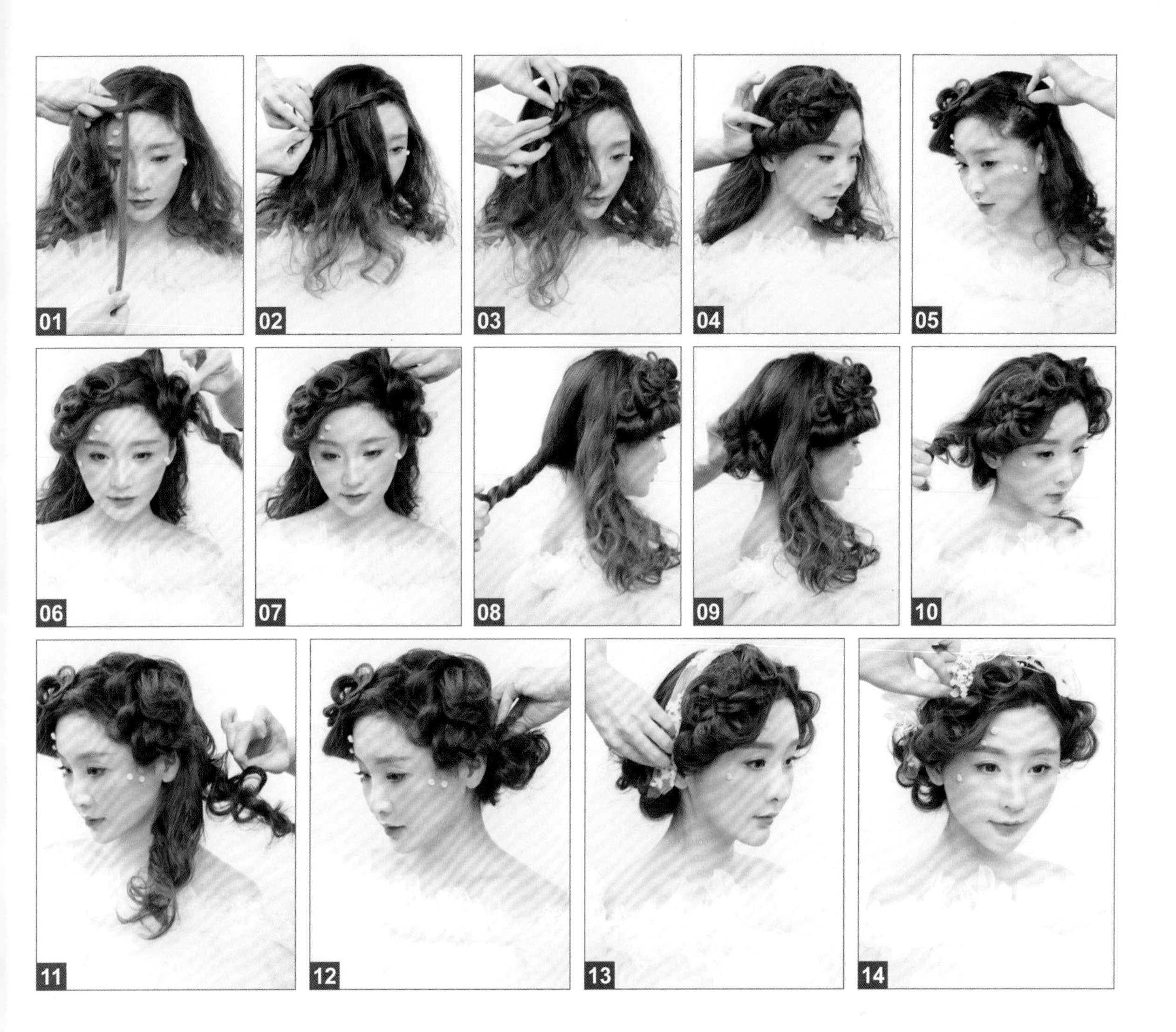

学习要点：刘海区编发后的打卷要有一定的空间感和层次感，这样可以使造型的纹理更加丰富。

01 在刘海区取一束头发，两股头发交叉后将新取的一片头发卡在中间。

02 以此方式向右侧发区进行瀑布辫编发。

03 将每一片中间夹着的头发向上打卷并固定。

04 将刘海区及右侧发区剩余的头发向上打卷并固定。

05 将左侧发区的头发向上打卷并固定。

06 从顶区取头发，向前进行两股辫编发并抽出层次。

07 将抽丝好的头发在左侧发区固定。

08 将后发区中间部分的头发进行两股辫编发。

09 将编好的头发在后发区扭转，在后发区下方固定。

10 将后发区右侧剩余的头发进行两股辫编发并抽出层次，在后发区右侧固定。

11 将后发区左侧剩余的部分头发进行两股辫编发并抽出层次，在后发区左侧固定。

12 将后发区剩余的头发进行两股辫编发并抽出层次，在后发区左侧固定。

13 佩戴蕾丝发带，装饰造型。

14 佩戴饰品，装饰造型。

学习要点：在翻卷的时候不要将头发处理得过于光滑，保留一些蓬松感，并且造型的发丝要有些许层次。

01 将刘海区的头发向下打卷并固定。

02 将右侧发区的头发向上提拉，扭转并固定。

03 将固定好的头发的发尾向后打卷并固定。

04 从左侧发区及顶区取头发，梳理至刘海区并固定。

05 将后发区的部分头发进行两股辫编发并抽出层次。

06 将抽丝好的头发在后发区右上方固定。

07 将后发区剩余的头发进行两股辫编发，在左侧发区固定。

08 用电卷棒将右侧剩余的头发烫卷。

09 将烫好的头发向上打卷并固定。

10 继续将头发分片向上打卷并固定。

11 将左侧发区的头发烫卷。

12 将烫好的头发调整好层次，向上提拉并固定。

13 佩戴饰品，装饰造型。

学习要点：在将两侧发区的头发进行抽丝时，注意观察造型两侧的轮廓和层次，并对造型进行局部调整和细节调整。

01 在顶区位置取一束头发，将其用波纹夹在后发区固定。

02 推出波纹弧度，将发尾扭转并在后发区固定。

03 将后发区右侧的头发进行两股辫编发并固定。

04 将后发区左侧的头发进行两股辫编发并适当抽出层次。

05 将抽丝好的头发在后发区右侧固定。

06 用一片头发缠绕后发区垂落的头发的根部，形成马尾。

07 对后发区的波纹喷胶定型，待发胶干透后取下波纹夹。

08 将马尾进行三股辫编发，将发尾收起并固定。

09 在头顶佩戴饰品。

10 在后发区佩戴饰品。

11 将右侧发区的头发进行两股辫编发。

12 将编好的头发适当抽出层次，在后发区固定。

13 将左侧发区的头发进行两股辫编发并抽出层次。

14 将抽丝好的头发在后发区固定。

15 喷胶定型，调整发丝细节的层次。

学习要点：后发区的头发不需要处理得过于光滑，要保留随意的纹理。

01 将后发区左侧的头发进行两股辫编发后抽出层次。

02 将编好的头发在后发区下方缠绕住后发区剩余的头发，形成马尾。

03 从马尾中取一束头发，在靠下位置缠绕马尾。

04 将右侧发区的头发进行两股辫编发并抽出层次。

05 将抽丝好的头发在后发区固定。

06 将左侧发区的头发进行两股辫编发并抽出层次。

07 将抽丝好的头发在后发区固定。

08 将刘海区的头发进行两股辫编发并抽出层次，在后发区固定。

09 佩戴饰品，装饰造型。

学习要点：将刘海区位置的头发打卷时不要处理得过于光滑，要保留一些蓬松的层次，这样发丝与饰品之间会更加协调。

01 将刘海区的部分头发打卷并固定。

02 将刘海区剩余的头发打卷并固定。

03 将顶区的部分头发拉至右侧发区，将其向下打卷并固定。

04 将固定好的头发的发尾与右侧发区的头发结合并进行两股辫编发。

05 将编好的头发适当抽出层次，在后发区右侧固定。

06 将顶区剩余的头发及部分后发区的头发在后发区进行两股辫编发并抽出层次。

07 将抽丝好的头发向上收拢，固定并调整头发的层次。

08 将后发区剩余的头发进行两股辫编发并抽出层次。

09 将抽丝好的头发在后发区左侧打卷并固定。

10 将左侧发区部分头发进行两股辫编发并抽出层次。

11 将抽丝好的头发在后发区左侧固定。

12 将左侧发区剩余的头发进行两股辫编发并抽出层次。

13 将抽丝好的头发在后发区固定。

14 佩戴饰品，装饰造型。

15 在模特面部贴花瓣，使其与饰品相互呼应。

学习要点：因为模特头发过短，所以将后发区位置的头发分片向上提拉并固定，这样可以使造型更加饱满。

01 将刘海区的头发收拢并梳理好。

02 将刘海区的头发向上翻卷。

03 将翻卷好的头发固定，将发卡隐藏好。

04 将左侧发区的头发用三带一的手法向上编发。

05 将编好的头发固定。

06 将右侧发区的头发向上提拉，扭转并固定。

07 将后发区的部分头发向上扭转并固定。

08 继续将后发区剩余的头发向上提拉并固定。

09 在头顶位置固定造型花，装饰造型。

10 在头顶位置用造型纱将造型花进行遮挡，将其在后发区抓出褶皱并固定。将造型纱两侧在后发区收拢并固定。

11 在造型纱之上固定造型花，在装饰造型的同时起到固定造型纱的作用。继续固定造型花，点缀造型。

学习要点：在佩戴饰品的时候可以用多种材质的饰品进行混搭，如此款造型采用造型花和蕾丝混搭，更好地呈现出造型的柔美感。

01 将刘海区的部分头发进行松散的三股辫编发，然后盘绕出花形并固定。

02 将刘海区剩余的头发向前扭转并固定。

03 将扭转后剩余的发尾向前整理出层次。

04 将整理好层次的发尾打卷并固定。

05 将右侧发区的头发向前扭转。

06 将扭转之后剩余的发尾整理出层次并固定。

07 将左侧发区的头发向上提拉，扭转并固定。

08 将固定之后剩余的发尾整理好并固定。

09 在后发区左侧取一束头发，扭转并向前固定。

10 将后发区剩余的部分头发向上提拉，扭转并固定。

11 将后发区剩余的头发向上打卷并留出几缕垂落的发丝。

12 调整造型的层次，用头发对造型不饱满的位置进行修饰。

13 用电卷棒将留出的发丝烫卷。

14 佩戴蕾丝饰品及造型花，装饰造型。

学习要点：饰品的佩戴对这款造型起到非常重要的作用，除了增强造型风格感，确定造型基调之外，还起到了衔接造型结构、修饰造型空缺位置的作用。

01 用电卷棒将刘海及两侧保留的发丝烫出弧度。

02 在顶区及两侧发区取几束头发，编几条三股辫。

03 将三股辫相互交叉后在后发区固定。

04 将后发区左侧的头发向右侧扭转并固定。

05 将后发区右侧的头发向左侧扭转并固定。

06 将右侧刘海区的头发向后发区扭转并固定。

07 将左侧刘海区的头发向后发区扭转并固定。

08 将后发区下方的头发分三股并编在一起。

09 将编好的头发的发尾收拢，用发卡进行隐藏式固定。

10 在头顶佩戴饰品，装饰造型。

11 在后发区佩戴造型花，装饰造型。

12 从头顶位置向下盘绕绿藤饰品，点缀造型。

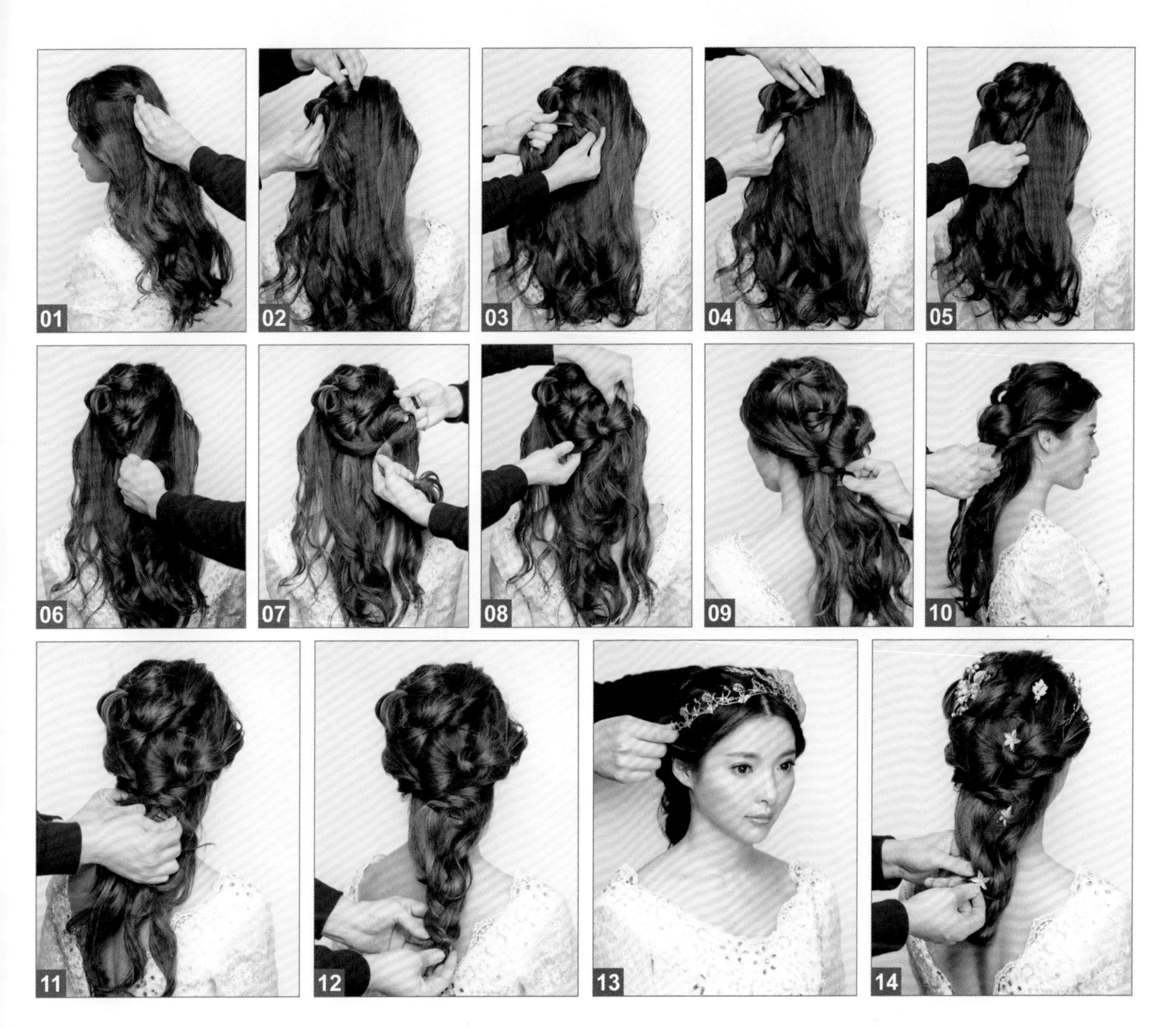

学习要点：造型中的蝴蝶结可根据需要确定其大小并调整掏头发的长度，另外尽量让发丝的掏出长度及角度一致，这样蝴蝶结表面会更干净。

01 在顶区偏左侧用皮筋固定一束头发。

02 在皮筋中分出一层，将头发掏出一部分并向左右分开，形成蝴蝶结。

03 继续固定皮筋后将头发掏出。

04 将头发左右分开并固定。

05 将顶区偏右侧的头发向后发区扭转并固定。

06 在后发区继续用皮筋固定头发。

07 固定好之后继续以同样的方式掏出头发。

08 将头发处理成蝴蝶结，并用头发缠绕在蝴蝶结的中间位置。

09 将左侧发区的头发以两股辫形式向后扭转并在后发区左侧固定。

10 将右侧发区的头发以两股辫形式向后扭转并在后发区右侧固定。

11 在后发区下方下发卡，使头发固定得更加牢固。

12 将后发区下方的头发进行三股辫编发并固定。

13 在头顶佩戴饰品，装饰造型。

14 在后发区佩戴饰品，点缀造型。

学习要点：注意刘海区及两侧发区头发的饱满度和层次感；在打造造型的时候，注意处理头发时的松紧度，不要出现过于生硬的感觉。

01 从刘海区分出两片头发，交叉扭转。

02 扭转之后将头发向上打卷并固定。

03 调整固定好之后头发的层次。

04 从右侧发区分出两片头发，进行扭转。

05 扭转之后将其中一片头发向上打卷并固定。

06 将另一片头发打卷并固定。

07 将右侧发区的头发向前打卷并固定。

08 调整固定好之后的头发的层次。

09 从后发区右侧分出两片头发，进行扭转。

10 将扭转的头发固定并调整其层次。

11 将左侧发区的头发分别打卷并固定。

12 将后发区左侧的部分头发打卷并固定。

13 将后发区剩余的头发进行三股辫编发。

14 将编好的头发向上打卷并固定。

15 在头顶位置佩戴造型网纱及饰品，装饰造型。在刘海区佩戴网纱，对面部进行适当的遮挡。

学习要点：在编发的时候注意调整编发的角度，要顺应编发的摆放方位，让造型更加自然。

01 用电卷棒将两侧的发丝烫卷。

02 烫卷的时候注意发丝提拉的角度。

03 从顶区取一束头发，进行三带一编发。

04 编发呈上宽下窄的状态，用三股辫编发的形式收尾。

05 取右侧区的头发，进行两股辫编发。

06 边编发边带入后发区的头发。

07 取左侧区的头发，进行两股辫编发。

08 边编发边带入后发区的头发。

09 将后发区剩余的头发沿烫卷的弧度扭转并固定。

10 将固定好的头发的下方向内扣卷并固定。

11 佩戴饰品，装饰造型，造型完成。

学习要点：在使用电卷棒烫头发的时候，注意头发的提拉角度和方位。向顶区造型时，将头发向上提拉并烫卷，这样做的目的是使发片更加适应造型的角度。

01 保留刘海区头发的蓬松并将其固定。

02 将左侧发区的头发向上打卷并固定。

03 将顶区的头发打卷，调整其层次并固定。

04 用尖尾梳调整刘海区的头发，使其更具有层次。

05 将右侧发区的头发向上提拉，扭转并固定。

06 将后发区右侧的头发向上提拉并固定。

07 将后发区剩余的头发固定。

08 从刘海区取一束头发，用电卷棒烫卷。

09 继续将刘海区最外层的头发烫卷。

10 喷少量发胶定型。

11 佩戴饰品，装饰造型。

学习要点：整体造型都不要处理得过于光滑，两侧刘海区垂落的头发要自然，整体造型呈现随意的感觉，这样造型会更加浪漫唯美。

01 在头顶佩戴饰品，装饰造型。

02 在顶区分出三片头发并相互叠加。

03 继续向下进行三带二编发。

04 将三带二编发收尾并固定牢固。

05 从后发区左侧分出一片头发，向上打卷并固定。

06 继续从后发区右侧分出一片头发，向上打卷并固定。

07 将后发区剩余的头发按烫卷的弧度处理自然。

08 将右侧发区的头发整理出层次后进行细致的固定。

09 将左侧发区的头发调整出层次并固定。

10 在后发区佩戴蝴蝶结饰品，装饰造型。

11 在后发区佩戴小饰品，点缀造型。

12 继续佩戴较小的蝴蝶结饰品，装饰造型。造型完成。

学习要点：烫卷的时候注意发卷的角度，要使每一片卷发自然衔接，最终在后发区形成饱满的造型轮廓。

01 用尖尾梳分出刘海区的头发。

02 用电卷棒将较直的头发烫卷。

03 从右侧发区分出一片头发，向后扭转并固定。

04 继续将右侧发区剩余的头发向后扭转并固定。

05 将左侧发区的头发向后扭转并固定。

06 继续将左侧发区剩余的头发向后扭转并固定。

07 将顶区及部分后发区的头发收拢在一处并固定。

08 将网纱覆盖于头顶处并固定在两侧发区。

09 在头顶佩戴饰品，装饰造型。

10 将网纱的尾部在后发区固定。

11 将固定好的网纱抓出蝴蝶结形状。

12 在网纱之上佩戴蝴蝶结饰品，装饰造型。

学习要点：将左侧发区的头发倒梳后分层向上提拉并固定，这样操作有利于造型层次感的塑造。

01 将刘海区的头发向左侧梳理。

02 在顶区左侧下多个发卡将梳理好的头发固定。

03 将右侧发区的头发向后发区扭转并固定。

04 从后发区右侧取一束头发，向左侧扭转并固定。

05 将后发区右下方的头发向左侧扭转并固定。

06 将左侧发区的头发用尖尾梳倒梳。

07 将倒梳好的部分头发适当托起并固定。

08 继续倒梳部分头发。

09 用尖尾梳调整倒梳好的头发的层次并固定。

10 将剩余的头发倒梳。

11 将倒梳好的头发适当向上扭转并固定。

12 用尖尾梳调整固定好的头发的表面层次。

13 在刘海区佩戴永生花饰品，装饰造型。

14 在永生花饰品后方继续佩戴绢花饰品，装饰造型。

学习要点：两股辫编发使后发区的造型饱满而富有层次感，刘海区及两侧发区飘逸的发丝搭配纱质绢花饰品，使整体造型更加浪漫。

01 将顶区的头发进行三股辫编发。

02 将编好的头发向下打卷，隆起一定高度，进行固定。

03 在后发区取头发，进行三股辫编发。

04 在右侧发区取一束头发，进行两股辫续发编发。

05 将编好的头发拉至后发区左侧并固定。

06 将左侧发区的一束头发进行两股辫编发。

07 将编好的头发抽拉出层次后在后发区右侧固定。

08 将后发区下方的头发扭转，提拉至后发区左侧并固定。

09 将后发区剩余的头发向后发区右侧进行两股辫编发并固定。

10 用尖尾梳倒梳剩余的头发，使其具有层次且更加灵动。

11 佩戴饰品，装饰造型。

学习要点：用发丝修饰两侧的编发，使造型更具层次感，再搭配花朵及蝴蝶饰品，使整体造型浪漫而可爱。

01 将刘海区的头发分出。

02 将分出的刘海区的头发固定。

03 将右侧区的头发进行三股辫编发。

04 将编好的头发用皮筋固定。

05 将左侧区的头发进行三股辫编发。

06 将编好的头发用皮筋固定。

07 固定的时候将发尾向上卷起。

08 固定好之后将辫子适当抽出层次。

09 用电卷棒将刘海区的头发烫卷。

10 将烫好卷的头发调整出层次。

11 将刘海区右侧的头发在右侧发辫上固定。

12 将刘海区左侧的头发调整出层次，在左侧发辫上固定。

13 在固定皮筋处佩戴造型花。

14 在头顶位置佩戴饰品。

15 继续佩戴造型花与饰品，装饰造型。

学习要点：将手推波纹和编发抽丝结合在一起，在后发区盘发，用鲜花点缀造型，整体造型浪漫而唯美。

01 将顶区的头发在后发区推出弧度并用波纹夹固定。

02 继续将头发推出弧度，将发尾打卷并固定。

03 从后发区左侧取头发，向上提拉并用波纹夹固定。

04 从后发区右侧取头发，在左侧用波纹夹固定。

05 将头发收尾并固定。

06 将后发区右侧的部分头发向上提拉，扭转并在后发区左侧固定。

07 将后发区左侧剩余的头发进行两股辫编发，抽出层次后在后发区右侧固定。

08 将后发区右侧剩余的头发进行两股辫编发，抽出层次后固定。将后发区的头发喷胶定型，待发胶干透后取下波纹夹。

09 将刘海区部分头发进行两股辫编发并抽出层次。

10 将抽丝好的头发在后发区右侧固定。

11 将左侧发区剩余的头发进行两股辫编发并抽出层次。

12 将抽丝好的头发在后发区左侧固定。

13 用小号电卷棒将剩余的发丝烫卷。

14 将烫好的头发整理出层次并固定。

15 佩戴鲜花，装饰造型。

新娘复古雅致白纱发型

学习要点：注意刘海区造型的弧度，用波纹夹辅助固定，使其呈现自然伏贴的状态。

01 将刘海区的头发向下扣卷并固定。

02 将扣卷的头发剩余的发尾调整好层次并固定。

03 从顶区取一束头发，进行两股辫编发并抽丝。

04 将抽丝好的头发在右侧发区固定。

05 将右侧发区的头发进行两股辫编发并抽丝。

06 将抽丝好的头发在右侧发区固定。

07 在后发区右侧取头发，进行两股辫编发并抽丝。

08 将抽丝好的头发在右侧发区固定。

09 取左侧发区的一束头发，进行两股辫编发并抽丝。

10 将抽丝好的头发在左侧发区收拢并固定。

11 从后发区左侧取一束头发，进行两股辫编发后抽丝。

12 将抽丝好的头发在后发区左侧固定。

13 调整刘海区头发的弧度并用波纹夹固定。对刘海喷胶定型，待发胶干透后取下波纹夹。

14 佩戴饰品，装饰造型。

学习要点：羽毛饰品的佩戴削弱了光滑造型的生硬感，并且在一定程度上修饰了脸形。

01 将刘海区的头发向下扣卷并固定。

02 从顶区取一束头发，向下扣卷，在右侧发区固定。

03 将右侧发区的头发下扣打卷并固定。

04 将左侧发区的头发向前打卷并固定。

05 将后发区左侧的头发向前打卷并在后发区的左侧固定。

06 将后发区右侧剩余的头发向前打卷并固定。

07 在右侧佩戴羽毛饰品，装饰造型。

08 在左侧佩戴羽毛饰品，装饰造型。

09 继续在左侧发区佩戴饰品，装饰造型。

学习要点：在造型时，对刘海区的细节处理非常重要，将刘海单独烫卷后可以整理出更有弧度的造型。

01 将顶区的头发进行三股辫编发。

02 将编好的头发从后发区下方绕过，在左侧发区固定。

03 在后发区取一束头发，进行三股交叉，用三带二的手法向下编发。

04 从后发区右侧取一束头发，缠绕在后发区的头发上并固定。

05 将刘海区及两侧发区剩余的头发烫卷。

06 将后发区的头发用电卷棒烫卷。

07 将后发区的部分头发向上打卷并固定。

08 用同样的方式在后发区分片取头发，向上打卷并固定。

09 将后发区剩余的头发进行两股辫编发并抽丝，在后发区左侧固定。

10 将左侧发区剩余的发丝调整好弧度，在后发区固定。

11 将刘海区及右侧发区剩余的发丝调整好层次，在右侧发区固定。

12 佩戴发带并将其整理出蝴蝶结效果，装饰造型。

13 佩戴永生花，点缀造型。

学习要点：在后发区用波纹夹固定头发，使头发不易移位，有利于向上打卷。

01 在后发区下多个波纹夹固定头发。

02 喷胶定型。

03 将后发区下方的头发向上打卷。

04 将打好的卷固定并对其轮廓做调整。

05 取下波纹夹。

06 将后发区右侧的头发斜向上打卷并固定。

07 将后发区左侧的头发斜向上打卷并固定。

08 将两侧发区的头发用电卷棒烫卷。

09 调整右侧发区头发的弧度并用波纹夹固定。

10 将剩余的发尾收起，打卷并固定。

11 调整左侧发区头发的弧度并用波纹夹固定。

12 将剩余的发尾收起，打卷并固定。

13 喷胶定型，待发胶干透后取下波纹夹，然后做细致调整。

14 佩戴礼帽，装饰造型。

学习要点：在后发区的辫子中穿插发片，使造型纹理更加丰富。

01 在顶区取一束头发，进行三股辫编发。

02 从辫子下方取头发，穿插在辫子中。

03 继续从辫子右侧取头发，穿插在辫子中。

04 从左侧取头发，穿插在辫子中。

05 将后发区右侧的一束头发穿插在辫子中。

06 将后发区下方的头发向上翻卷并固定。

07 将后发区剩余的头发向上打卷并固定。

08 在右侧发区取部分头发，进行两股辫编发并抽丝，在后发区固定。

09 继续将右侧发区剩余的头发进行两股辫编发并抽丝，在后发区固定。

10 将左侧发区的头发以同样的方式操作，分片进行两股辫编发并抽出层次。

11 将头发在后发区固定。

12 佩戴礼帽及饰品，装饰造型。

学习要点：先处理造型的外轮廓的头发，再处理内轮廓的头发，调整细节层次，使造型轮廓更加饱满、立体且富有层次。

01 将后发区上方的头发固定，将后发区下方的头发向上打卷并固定。

02 将后发区右侧的头发向后打卷并固定。

03 将右侧发区的头发向后打卷并固定。

04 将刘海区右侧的头发打卷并固定。

05 将后发区左侧的头发向后打卷并固定。

06 将左侧发区的头发向后打卷并固定。

07 将刘海区左侧的头发向后打卷并固定。

08 在剩余的头发中分出一片头发，进行两股辫编发并抽丝。

09 将抽丝好的头发在头顶位置固定。

10 继续用同样的方式操作，将左侧的部分头发向头顶位置提拉并固定。

11 继续取一束头发，进行两股辫编发并抽丝，在头顶位置固定。

12 以同样的方式继续固定头发。

13 将剩余的头发进行两股辫编发后抽丝并固定。

14 佩戴饰品，装饰造型。

学习要点：用头纱和造型花适当对两侧发区进行修饰，整个造型具有梦幻感。

01 调整刘海区头发的角度并用波纹夹固定。

02 将头发向后推，继续用波纹夹固定。

03 用波纹夹固定头发，注意调整头发在右侧发区的弧度。

04 将刘海区头发的发尾与右侧发区的头发结合，向上翻卷并固定。

05 将后发区的头发向上打卷并固定。

06 用波纹夹固定左侧发区的头发。

07 用尖尾梳将左侧发区的头发推出弧度。

08 将推好弧度的头发用波纹夹固定，将剩余的发尾在后发区扭转并固定。

09 将后发区剩余的头发向前打卷并固定。

10 佩戴头纱，装饰造型。

11 佩戴造型花，装饰造型。

12 佩戴羽毛饰品，装饰造型。

学习要点：不是所有的手推波纹都要推出特别大的起伏效果，此款造型的手推波纹起伏自然，搭配鲜花饰品，更显柔美。

01 用尖尾梳将刘海区的头发向右侧梳理。

02 将刘海区的头发用波纹夹固定。

03 将刘海区的头发推出弧度，继续用波纹夹固定。

04 波纹的弧度不需要很大，推好后继续用波纹夹固定。

05 用波纹夹固定最后一个波纹。

06 将剩余的发尾扭转并在后发区固定。

07 喷发胶对头发定型。

08 待发胶干透后取下波纹夹，用发卡对细节位置的头发进行固定。

09 将左侧发区的头发进行三股交叉。

10 将交叉后的头发向后发区方向进行三带二编发。

11 将编好的头发扭转至后发区右侧并固定。

12 将后发区右侧的头发向左侧扭转并固定。

13 将后发区下方的头发向上打卷并固定。

14 佩戴鲜花，装饰造型。

学习要点：双侧手推波纹造型如果是偏分的形式，一般发量比较多的一侧要呈现比较大的波纹弧度，另外一侧起到呼应及配合打造造型饱满度的作用。

01 将右侧发区的头发向后扭转并固定。

02 将左侧发区的头发向后扭转并固定。

03 将后发区的头发进行三股辫编发。将头发的发尾收起，向下打卷，打好卷之后用发卡固定。

04 将刘海区左侧的头发用尖尾梳推出弧度。

05 将推出弧度的头发用波纹夹固定，用尖尾梳继续将头发推出弧度。

06 推好弧度后用波纹夹固定头发。

07 继续用尖尾梳将剩余的头发推出弧度。

08 用波纹夹将推好弧度的头发固定。

09 将剩余的发尾在后发区扭转，在后发区打卷并固定。

10 将刘海区右侧的头发推出弧度，用波纹夹固定推出弧度的头发。

11 继续用尖尾梳辅助将头发推出弧度，用波纹夹固定推出弧度的头发。

12 用尖尾梳向上将头发推出弧度，将推出弧度的头发用波纹夹固定。

13 将剩余的发尾在后发区打卷并固定。

14 在头顶位置佩戴饰品，装饰造型。

学习要点：将头纱塑造成发带效果，与造型花搭配，两者都有轻柔的质感，使整体造型协调而唯美。

01 将顶区及部分后发区的头发进行三股辫编发并抽丝，抽出蓬松感。

02 将编好的头发在后发区向下打卷并固定。

03 将后发区右下方的头发进行两股辫编发并抽出层次。

04 将抽丝好的头发在后发区左侧固定。

05 将后发区剩余的头发进行两股辫编发并抽出层次，在后发区右侧固定。

06 从刘海区取一束头发进行两股夹一股的连续形式的瀑布辫编发，抽出层次后在后发区固定。

07 继续用刘海区剩余的头发进行瀑布辫编发。

08 将编好的头发抽出层次。

09 将抽丝好的头发在后发区固定。

10 调整剩余发丝的层次，在后发区固定。

11 将左侧发区的部分头发进行两股辫编发并抽出层次，将抽丝好的头发在后发区固定。

12 将左侧发区剩余的头发调整好层次，向前打卷并固定。

13 在头顶将造型纱固定出发带效果。

14 佩戴造型花，装饰造型。

学习要点：处理刘海区的头发时，可以用波纹夹临时固定，并用干胶定型，使操作更加简单。

01 用尖尾梳调整刘海区头发的弧度，下隐藏式发卡固定。

02 继续调整刘海区的头发在右侧发区位置的弧度。

03 将刘海区、右侧发区及部分后发区的头发结合，进行三股辫编发。

04 将编发在右侧发区向上打卷并固定。

05 将后发区剩余的头发进行三股辫编发。

06 将编发向上打卷并固定。

07 将左侧发区的头发向耳后推出弧度，将发尾打卷并在后发区固定。

08 佩戴饰品，在右侧发区佩戴永生花饰品。

09 佩戴蝴蝶饰品，点缀造型。

学习要点：点缀蝴蝶饰品时注意摆放的角度，不要出现角度过于一致的情况；另外注意蝴蝶饰品固定的位置，可以用蝴蝶饰品修饰造型的缺陷，使造型更饱满。

01　将刘海区的头发向下扣卷并固定。

02　固定好之后继续取部分右侧发区的头发，向下扣卷。

03　将扣卷的头发调整好角度并固定。

04　在后发区将左侧的头发扭转。

05　将扭转好的头发固定。

06　将右侧发区剩余的头发向后打卷。

07　将发卷调整好角度并固定。

08　将后发区剩余的头发向上提拉并固定。

09　固定好之后将剩余的发尾打卷并固定。

10　佩戴蝴蝶饰品，装饰造型。

11　继续佩戴蝴蝶饰品，点缀造型。

学习要点：造型的主体偏向一侧，通过上翻卷的形式打造造型轮廓，注意翻卷的头发的提拉及固定角度，要使整体造型更加协调。

01 以尖尾梳为轴将刘海区右侧的头发向上翻卷并固定。

02 固定好之后将发尾继续打卷并固定。

03 将左侧发区连同部分后发区的头发向上翻卷。

04 将翻卷好的头发在后发区固定。

05 将后发区剩余的头发向上翻卷。

06 将翻卷好的头发固定。

07 在后发区右侧佩戴饰品，装饰造型。

08 在刘海区佩戴饰品，装饰造型。

09 继续在刘海区佩戴饰品，点缀造型。

学习要点：光滑的造型搭配光滑的帽饰，两者的结合会显得有些生硬，佩戴造型网纱主要能起到使帽饰与造型衔接更加自然的作用。

01 将左侧发区的头发向后扭转，在后发区固定。

02 将右侧发区的头发向后发区扭转，在后发区固定。

03 将后发区左侧的头发打卷。

04 将打好的发卷固定。

05 将后发区剩余的头发打卷。

06 将打好的发卷固定。

07 将刘海区的头发向右侧梳理干净，用尖尾梳辅助推出弧度并固定。

08 将刘海区头发的发尾打卷并固定。

09 佩戴欧式礼帽，在礼帽的基础上抓网纱造型。

学习要点：造型不单单是将头发处理好就可以了，还要注意饰品的佩戴及多个饰品之间的搭配，这款造型采用了将两款饰品结合搭配形成一款饰品的处理方式。

01 将右侧发区的头发向后扭转并固定。

02 将左侧发区连同部分后发区的头发向后扭转并固定。

03 将后发区左侧的头发向左前方打卷。

04 将打好的发卷在后发区左侧固定。

05 将后发区右侧剩余的头发向前打卷。

06 将打好的发卷调整好轮廓并固定。

07 将刘海区的部分头发向后发区右侧打卷。

08 将刘海区的头发用尖尾梳辅助调整出弧度。

09 将调整好弧度的头发向上扭转并固定。

10 固定好之后将发尾打卷并固定。

11 佩戴饰品，装饰造型。

12 佩戴纱质蝴蝶结，点缀造型。

学习要点：将刘海区的头发塑造成双层的手推波纹效果，第二层摆出的波纹较少，使造型轮廓更加饱满。

01 将顶区和部分后发区的头发扎马尾。

02 将除刘海区之外的剩余的头发在后发区扎低马尾。

03 将下方的马尾向上打卷并固定。

04 从上方的马尾中取部分头发，向右侧打卷并固定。

05 将马尾中剩余的头发向左侧打卷并固定。

06 用波纹夹固定刘海区的头发。

07 用尖尾梳辅助将头发向前推出弧度。

08 用波纹夹对推好弧度的头发进行固定。

09 继续将头发推出弧度并固定。

10 将剩余的发尾推出弧度并固定。

11 继续将刘海区剩余的头发用尖尾梳辅助推出弧度。

12 用波纹夹对推好弧度的头发进行固定。

13 将头发继续向后发区方向推出弧度。

14 将剩余的发尾打卷并固定。

15 佩戴饰品，装饰造型。

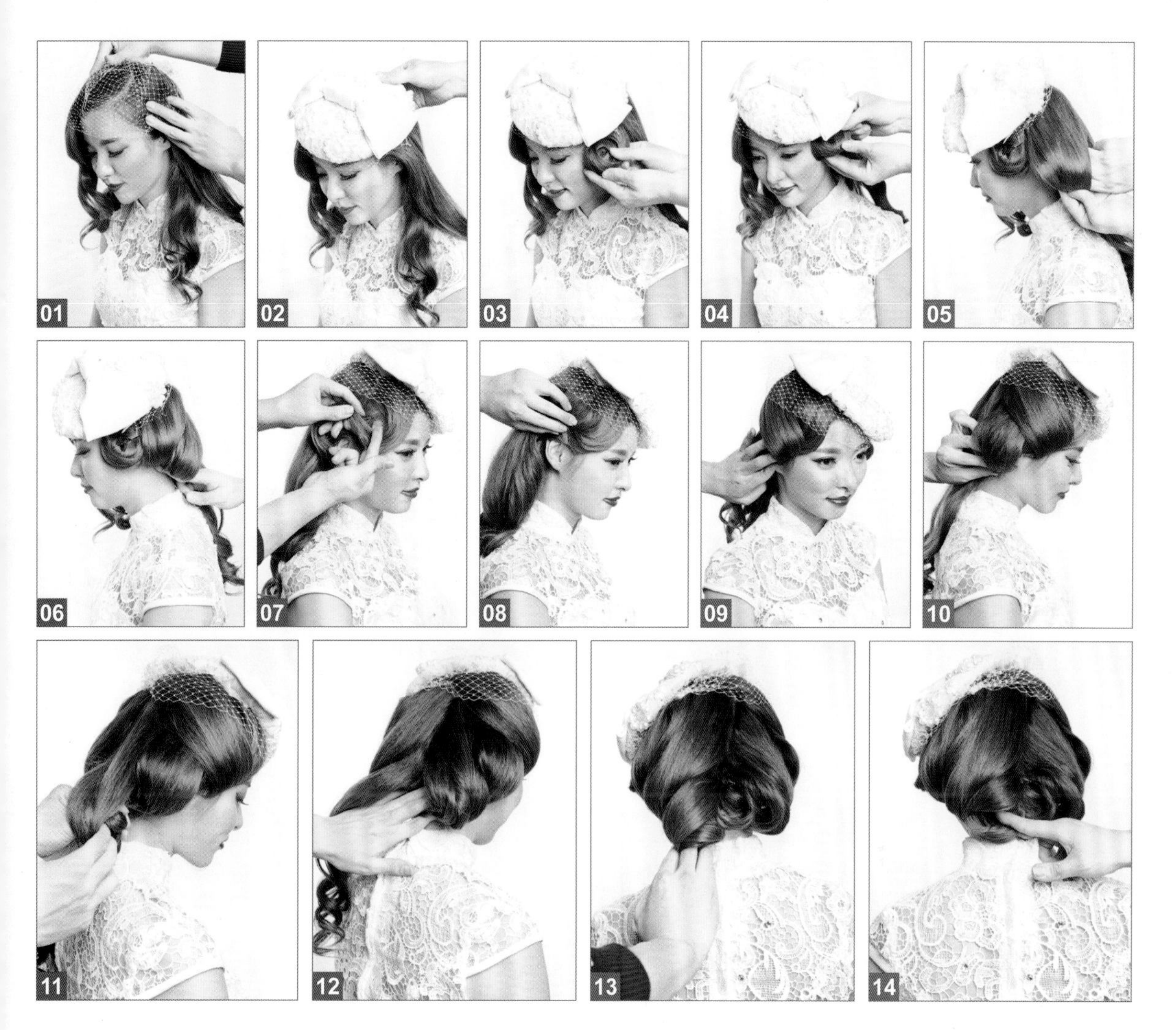

学习要点：在打卷的时候注意在正面观察造型的轮廓，通过观察来确定发卷的摆放位置，最终打造出饱满的造型轮廓。

01 在头顶佩戴网纱，装饰造型。

02 在网纱的基础上佩戴造型礼帽。

03 将左侧发区的头发向前打卷。

04 将打好的发卷调整角度并固定。

05 将后发区左侧的头发向下打卷。

06 继续从后发区取头发，向下打卷。

07 用手指将刘海区的头发调整出弧度。

08 调整好弧度后将其固定。

09 将顶区的头发在右侧向下扣卷。

10 扣卷好之后将剩余的发尾在右侧后发区向下打卷。

11 将后发区剩余的部分头发向下打卷。

12 将打好的发卷在后发区固定。

13 将后发区剩余的头发打卷。

14 将打好的卷固定。

学习要点：注意造型两侧打卷的方向不同，这样做的目的是使造型的样式不单调，同时能与佩戴的饰品更加协调。

01 将刘海区的头发临时固定。

02 将刘海区的头发向上进行翻卷。

03 将后发区左侧的头发向上打卷。

04 将打好的发卷固定。

05 将右侧发区的头发向前打卷。

06 将打好的发卷调整好轮廓并固定。

07 将后发区右侧的头发打卷。

08 将打好的发卷固定。

09 将后发区剩余的头发向上提拉并打卷，将发卷固定。

10 佩戴礼帽，装饰造型。

11 佩戴网纱，点缀造型。

12 将网纱适当抓出褶皱层次。

学习要点：在做中分双层手推波纹的时候，两侧的高度不必保持完全一致，但要保证两侧的波纹在视觉效果上协调。

01 将后发区左侧的头发向右扭转并固定。

02 将后发区右侧的头发向左扭转并固定。

03 将后发区的头发向上扭转。

04 将扭转好的头发收紧，在后发区固定。

05 将刘海区右侧的头发用尖尾梳辅助推出波纹。

06 将波纹固定好，继续推出波纹。

07 继续向下推出波纹。注意波纹的走向要流畅，弧度要优美。

08 推好波纹后将剩余的发尾在后发区固定。

09 将刘海区左侧的头发用尖尾梳辅助推出波纹。

10 将波纹固定好，继续向后推出波纹。

11 将发尾向上推出波纹，使其更具有立体感。

12 将剩余的头发在后发区扭转并固定。

13 将发尾在后发区偏下方的位置固定。

14 在头顶位置佩戴皇冠，装饰造型。

01 用尖尾梳将头发向后梳理干净。

02 将顶区的头发在后发区打卷。

03 将打好的发卷在后发区固定。

04 将打卷右侧的头发在后发区斜向左打卷。

05 将打好的发卷在后发区固定。

06 将剩余的头发斜向右打卷。

07 将打好的发卷固定。

08 在头顶偏左的位置佩戴礼帽，装饰造型。

学习要点：用蕾丝礼帽装饰造型，复古中不失柔美浪漫的气质，要多角度地观察造型，使造型的每个角度都能呈现较为饱满的感觉。

学习要点：用波纹夹辅助造型，刘海区优美的弧度搭配花环饰品，整体造型浪漫而优雅。

01 将刘海区的头发用波纹夹固定。

02 将刘海区的头发调整出弧度，并用波纹夹固定。

03 将刘海区头发的发尾和右侧发区的头发打卷，在后发区右侧固定。

04 将左侧发区的头发在后发区打卷并固定。

05 将左侧发区的头发用波纹夹固定，使其更加伏贴。

06 将后发区的头发用波纹夹固定。

07 将后发区右侧的头发向上扭转并固定。

08 将后发区左侧的头发向上扭转并固定。

09 将后发区头发剩余的发尾向上打卷并固定。

10 取下后发区的波纹夹。

11 取下两侧发区的波纹夹。

12 在头顶位置佩戴花环饰品，装饰造型。

13 在头顶位置继续佩戴饰品，使其与花环饰品相互结合。

学习要点：在用波纹夹打造造型弧度前，先将头发充分烫卷，这样更有利于使头发塑造出弧度且显得不生硬。

01 用尖尾梳将前后发区分开。

02 在后发区用波纹夹固定头发。

03 将后发区的头发用尖尾梳从左向右推出弧度，用波纹夹固定。

04 将剩余的发尾打卷并固定。

05 将后发区的头发喷胶定型。

06 将剩余的头发用电卷棒烫卷。

07 用气垫梳将烫好的头发梳顺。

08 待发胶干透后取下后发区的波纹夹。

09 将右侧发区的头发推出弧度，依次用波纹夹固定。

10 在右下方用波纹夹固定推出弧度的头发。

11 在后发区下方将剩余的发尾固定。

12 将刘海区左侧的头发用波纹夹固定。

13 将剩余的发尾扭转并固定在后发区。

14 待发胶干透后，取下波纹夹，佩戴饰品，装饰造型。

学习要点：充分利用波纹夹来塑造后发区头发的纹理及弧度，搭配刘海区波纹和金色复古饰品，整体造型更加优雅。

01 用波纹夹固定后发区的头发。

02 在后发区将头发推出弧度，用波纹夹固定。

03 在后发区下方将头发收拢并固定。

04 用波纹夹固定左侧发区的头发，使其更加伏贴。

05 对头发进行喷胶定型。

06 用波纹夹固定刘海区的头发。

07 用尖尾梳将刘海区的头发推出弧度。

08 继续将头发推出弧度，用波纹夹固定。

09 将剩余的发尾在右侧发区打卷并固定。

10 待发胶干透后取下波纹夹。

11 在后发区佩戴饰品，装饰造型。

12 在刘海区佩戴饰品，装饰造型。

学习要点：刘海区的波纹搭配简洁的后盘发，使整体造型呈现复古简约的美感，再用金色饰品修饰造型，增添了造型的时尚感。

01 从顶区取头发，向右侧进行三股辫编发并固定。

02 用波纹夹将刘海区的头发向上推并固定。

03 用尖尾梳将刘海区的头发推出弧度。

04 继续将头发向上推出弧度，用波纹夹固定。

05 将发尾打卷并固定在右侧。

06 从顶区取一束头发，向左侧发区进行三股辫编发。

07 将编好的头发在后发区固定。

08 用尖尾梳将左侧发区的头发推出波纹后固定。

09 将后发区左侧的头发扭转，在后发区固定。

10 将后发区右下方的头发向左上方提拉，扭转并固定。

11 将后发区剩余的头发扭转，收起发尾并固定。

12 取下波纹夹并在细节处用发卡固定。

13 佩戴饰品，装饰造型。

新娘高贵气质
白 纱 发 型

学习要点：刘海区及两侧发区的发丝的修饰对造型很重要，使造型轮廓饱满而富有层次。

01 从顶区取一束头发，扭转盘卷后固定。

02 继续将顶区周围的头发分片扭转并固定，然后调整发尾的层次。将后发区下方的头发向上收起并固定。

03 从刘海区取头发，进行两股辫编发。

04 将编好的头发适当抽出层次，在顶区固定。

05 从右侧发区取一束头发，进行两股辫编发并抽出层次，然后将其固定。

06 继续从右侧发区位置取一束头发，进行两股辫编发并抽丝。

07 将编好的头发向上提拉并固定。

08 从顶区取一束头发，进行两股辫编发并抽丝。

09 将抽丝好的头发在头顶固定。

10 将后发区左侧剩余的头发进行两股辫编发并抽丝，然后在后发区固定。

11 将剩余的长短不一的头发用电卷棒烫卷。

12 将烫卷的头发调整出层次，喷胶定型。

13 在头顶位置佩戴饰品，装饰造型。

学习要点：后发区的马尾将头发收于一个点，更有利于收拢头发，使造型更加饱满。

01 将顶区及部分后发区的头发在后发区扎马尾。

02 从马尾中分出一束头发，进行两股辫编发并适当抽出层次。

03 将编好的头发向上打卷并固定。

04 继续将马尾中的一束头发进行两股辫编发并抽出层次。

05 将头发向上提拉固定并调整层次。

06 在后发区左下方取头发，进行两股辫编发，向上提拉并固定。

07 将后发区剩余的头发打卷并在后发区右侧固定。

08 将右侧发区的部分头发扭转，在后发区下方固定。

09 将剩余的发尾进行两股辫编发并抽出层次，在后发区固定。

10 将左侧发区部分头发扭转后在后发区下方固定。

11 将剩余的发尾进行两股辫编发，抽出层次并固定。

12 将剩余的发丝用电卷棒烫卷。

13 将烫好的头发调整出层次，喷胶定型。

14 在头顶位置佩戴饰品，装饰造型。

学习要点：后发区以马尾的固定点为中心，将后发区下方和两侧发区的头发向马尾中心方向提拉并固定。

01 将顶区的头发扎马尾，再将其进行三股辫编发。

02 将编好的头发向上盘绕，收起并固定。

03 从右侧发区取一束头发，进行两股辫编发并抽丝。

04 将抽丝好的头发在顶区头发的下方固定。

05 继续将右侧发区的头发进行两股辫编发并抽丝。

06 将抽丝好的头发在头顶位置固定。

07 从左侧发区取一束头发，进行两股辫编发并抽丝。

08 将抽丝好的头发在头顶位置固定。

09 将左侧发区剩余的头发进行两股辫编发并抽丝。

10 将抽丝好的头发在头顶位置固定。

11 用尖尾梳调整刘海区剩余头发的层次并对其进行喷胶定型。

12 将后发区的头发向上打卷并固定。

13 佩戴头纱，装饰造型。

14 佩戴造型花，装饰造型。

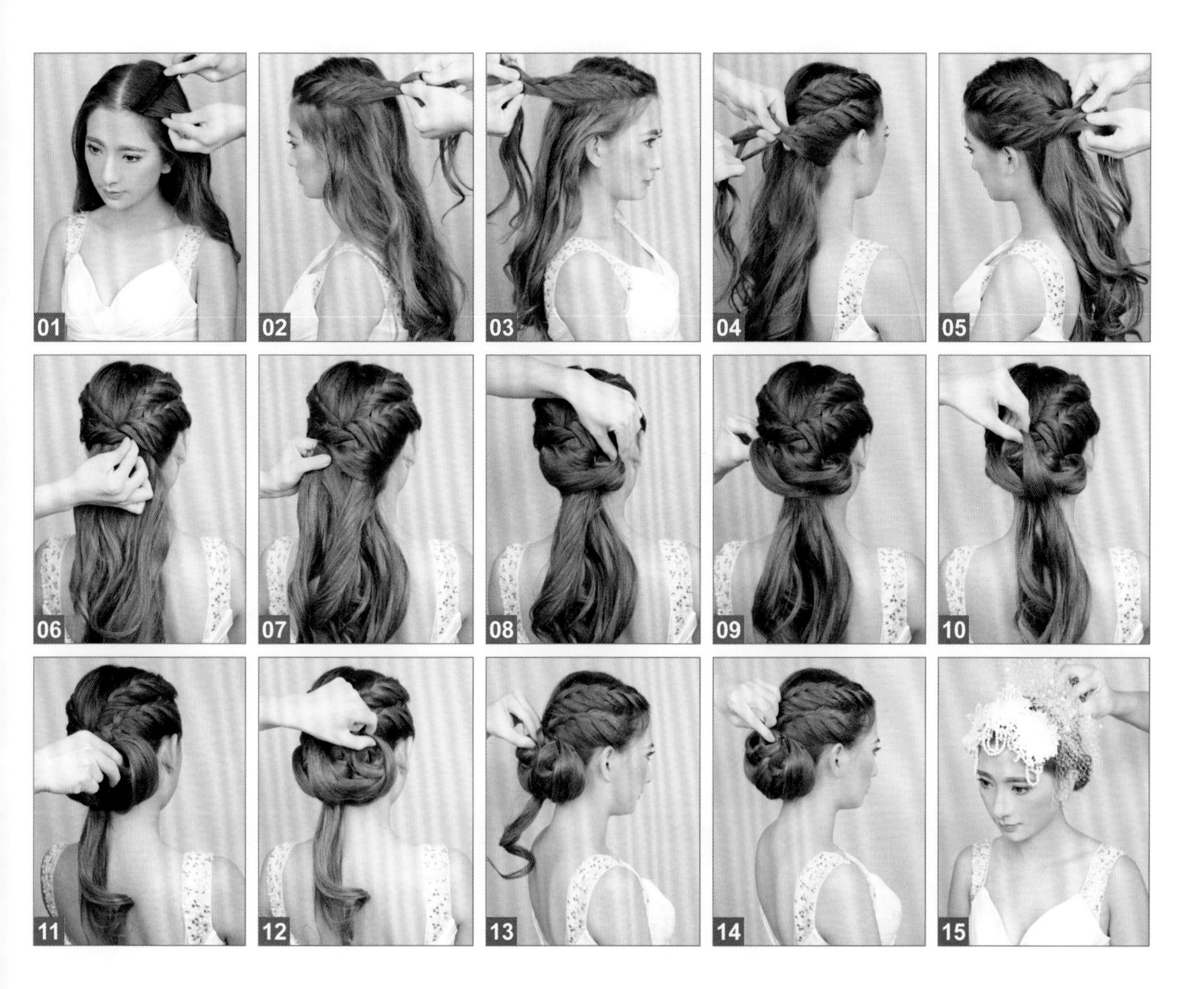

学习要点：两侧发区的编发在后发区的一个中心点固定，这样有利于完成接下来的操作，可以使发型轮廓更加饱满。

01 将刘海区的头发中分。

02 将刘海区左侧的头发进行三带一编发，在后发区固定。

03 将刘海区右侧的头发进行三带一编发，在后发区固定。

04 将右侧发区和部分后发区的头发进行三带一编发，在后发区固定。

05 将左侧发区和部分后发区的头发进行三带一编发，在后发区固定。

06 将四条发辫固定在后发区的一点。

07 从后发区右侧取一束头发，向左侧扭转并固定。

08 从后发区左侧取一束头发，向右侧打卷并固定。

09 从后发区右下方取一束头发，向后发区左侧打卷并固定。

10 从后发区下方取一束头发，向上打卷并固定。

11 继续从后发区下方取头发并向上打卷。

12 将打好卷的头发固定。

13 从后发区剩余的头发中分出一束头发，向上打卷并固定。

14 将后发区剩余的头发向上打卷并固定。

15 佩戴饰品和抓纱，装饰造型。

学习要点：将马尾中的头发以饰品为中心打卷，使两者结合得更加自然，注意整体造型轮廓要饱满。

01 将后发区左侧的头发以尖尾梳为轴扭转。

02 将扭转好的头发在后发区右侧固定。

03 将后发区剩余的头发以尖尾梳为轴扭转。

04 将头发在后发区左侧固定。

05 将剩余的发尾与顶区的头发结合后扎马尾。

06 在头顶位置佩戴饰品。

07 从马尾中分出一片头发，向前打卷并固定。

08 从马尾中分出一片头发，在后发区右侧打卷并固定。

09 从马尾中分出一片头发，在后发区左侧打卷并固定。

10 将刘海区左侧的头发向上翻卷并固定。

11 将固定好的头发的发尾向上打卷并固定。

12 将刘海区右侧的头发向上翻卷并固定。

13 将剩余的头发在后发区打卷并固定。

学习要点：此款造型的重点为饰品，但造型需要饱满，注意最后对整体造型轮廓进行调整。

01 将头发用尖尾梳梳理光滑。

02 将右侧发区的头发进行两股辫编发。

03 将编好的头发在头顶固定。

04 将左侧发区的头发进行两股辫编发。

05 将编好的头发在头顶固定。

06 从后发区取一束头发，向上打卷并固定。

07 将后发区左侧的头发向上提拉，打卷并固定。

08 将后发区剩余的头发向上提拉，打卷并固定。

09 佩戴饰品，装饰造型。

10 调整饰品，使其更好地点缀造型。

学习要点：在打造造型时注意用发丝修饰饰品，使饰品呈现若隐若现的感觉，使造型层次更加丰富。

01 用电卷棒将头发烫卷。

02 将顶区的头发收拢，用皮筋将其固定。

03 将头发收拢，在顶区隆起一定的高度并固定，保留头发烫卷的层次。

04 在头顶佩戴饰品。调整刘海区的头发的层次并喷胶定型。

05 将右侧发区的头发分两股并扭转，将头发抽出层次后固定。

06 将后发区右侧的头发进行两股扭转，将扭转好的头发抽出层次并固定。

07 将后发区左侧的头发进行两股扭转，将扭转好的头发抽出层次。

08 将抽丝好的头发固定，使后发区的造型更加饱满。

09 将左侧发区的头发进行两股扭转，将其适当抽出层次，向上提拉并固定。

10 将剩余的头发进行两股扭转，将其适当抽出层次。

11 将抽丝好的头发在后发区固定。

学习要点：刘海区向下打卷的头发要呈现收拢的状态，使刘海区的造型饱满而立体。

01 将刘海区的头发向上提拉并倒梳。

02 将倒梳好的头发向下扣卷并固定。

03 将右侧发区的头发用尖尾梳倒梳。

04 将倒梳好的头发向上提拉，打卷并固定。

05 将左侧发区的头发倒梳。

06 将倒梳好的头发向上提拉，打卷并固定。

07 从后发区取一束头发，向上打卷并固定。

08 继续从后发区取头发，向上打卷并固定。

09 将后发区右侧的头发向左上方提拉，打卷并固定。

10 将后发区剩余的头发向后发区右上方打卷并固定。

11 将两侧垂落的发丝用电卷棒烫卷。

12 将发带抓出蝴蝶结效果并固定，装饰造型。

13 继续佩戴饰品，装饰造型。

学习要点：注意整体造型的轮廓饱满度，刘海区的头发不要处理得过于光滑，要保留一些飘逸的感觉。

01 将后发区的头发在后发区扎高马尾。

02 将马尾中的头发在后发区打卷并固定。

03 将顶区的头发打卷并固定，将剩余的发尾进行两股扭转并在后发区固定。

04 将右侧发区的头发扭转，在后发区固定。

05 将剩余的发尾向上打卷并固定。

06 将左侧发区的头发扭转并固定，将剩余的发尾打卷并在后发区固定。

07 将刘海区的头发向下扣卷并固定。

08 将剩余的发尾在顶区打卷并固定。

09 将剩余的发尾在后发区固定。

10 佩戴饰品，装饰造型。

学习要点：用刘海区卷曲凌乱的发丝对额头进行遮挡，使造型显得随意而有气质。

01 在顶区和后发区右侧各扎一条马尾。

02 将后发区剩余的头发扎马尾。

03 将后发区的马尾打卷并固定。

04 将顶区马尾中的头发处理出凌乱的层次感并固定。

05 将顶区的头发固定后剩余的发尾进行两股辫编发并抽出层次。

06 将抽丝好的头发向上打卷，在顶区固定。

07 将右侧马尾的头发进行两股辫编发并抽出层次。

08 将抽丝好的头发在后发区固定。

09 调整左侧发区发丝的层次并固定。

10 调整右侧发区发丝的层次并固定。

11 向右侧发区方向调整刘海区发丝的层次。

12 将纱抓出蝴蝶结和发带形状，在头顶固定。

13 佩戴饰品，装饰造型。

学习要点：整体造型在顶区呈收拢状，注意不要将盘发处理得过大。

01 将后发区的头发扎马尾。

02 从马尾中分出一束头发，进行适当倒梳。

03 将倒梳好的头发向上打卷并固定。

04 继续分出一束头发，向后发区左侧打卷并固定。

05 继续分出头发，向后发区右侧打卷并固定。

06 继续分出头发，向右侧打卷并固定。

07 再分出头发，向下打卷并固定。

08 将剩余的头发打卷并固定。

09 将右侧发区的头发向后发区扭转并固定。

10 用尖尾梳梳理并调整刘海区的头发，调整出弧度并固定。

11 将剩余的发尾在右侧发区打卷并固定，将剩余的头发在后发区固定。

12 将左侧发区的头发推出纹理后在后发区固定。

13 喷胶定型，待发胶干透后取下临时固定的发卡。佩戴饰品，装饰造型。

学习要点：两侧头发的发尾与顶区的头发相互结合，不但要呈现出层次感，还要塑造出顶区饱满的弧度，使造型轮廓更加饱满。

01 将刘海区的头发向上提拉并倒梳。

02 将倒梳后的头发的表面梳理光滑。

03 将刘海区的头发向下扣卷并固定。

04 将左侧发区的头发向上提拉，扭转并固定。

05 将右侧发区的头发向上提拉，扭转并固定。

06 将两侧发区的发尾及刘海区的头发在头顶位置调整出层次并喷胶定型。

07 将后发区剩余的头发向上扭转并固定。

08 将网眼纱从后发区向头顶位置系出发带效果。

09 将网眼纱抓出花形并固定。

10 佩戴造型花，装饰造型。

11 继续佩戴造型花，点缀造型。

学习要点：注意发辫之间的盘绕顺序和叠加方式，并使其形成饱满的轮廓。

01 以尖尾梳为轴，将刘海区的头发向下扣卷并固定。

02 将右侧发区的头发向上提拉，扭转并固定。

03 将顶区的头发向右侧进行三股辫编发并固定。

04 固定好辫子之后将剩余的头发打卷并固定。

05 将左侧发区的头发扭转并固定。

06 将左侧发区剩余的发尾连同部分后发区的头发进行三股辫编发。

07 将编好的头发打卷，修饰顶区造型的轮廓并固定。

08 将后发区右侧剩余的头发向上提拉并进行三股辫编发，将编好的头发向上打卷并固定。

09 将后发区剩余的头发向上提拉并进行三股辫编发。

10 将编好的头发向上盘绕，打卷并固定。

11 在头顶位置佩戴饰品，装饰造型。

学习要点：处理此款造型的时候，注意刘海区及两侧发区头发的饱满度和层次感，另外在固定两侧发区的头发时，注意与后发区造型的衔接。

01 在后发区扎一条马尾。

02 用尖尾梳倒梳马尾。

03 将倒梳好的头发向下打卷并固定，注意头发表面要光滑干净。

04 取部分头发，缠绕固定皮筋的位置，对马尾进行修饰。

05 继续调整后发区的造型，使其更加饱满。

06 将刘海区及两侧发区的头发用电卷棒烫卷。

07 用尖尾梳倒梳烫卷的头发，使其更有层次。

08 将左侧发区的头发固定，在固定的时候适当向前推，使其呈现一定的饱满度。

09 将刘海区的头发向前推出一定的高度并固定。

10 将右侧发区用同样的方式进行操作。

11 在后发区佩戴饰品，装饰造型。

学习要点：造型大量利用了打卷的手法，要注意打卷固定的角度，不要在造型表面呈现过多的发圈，造型表面要光滑干净。

01 将刘海区的头发向下扣卷并固定。

02 将右侧发区的头发向上提拉并扭转，将头发收紧并固定。

03 将固定好之后剩余的发尾在顶区打卷并固定。

04 将左侧发区的头发向上提拉，扭转并固定。

05 将固定好之后剩余的发尾在顶区打卷。

06 将顶区的头发向上扭转并固定。

07 将固定好之后剩余的发尾在顶区打卷并固定，然后调整其轮廓。

08 将后发区左侧的头发向上扭转并固定。

09 将固定好之后剩余的发尾在右侧打卷并固定，调整造型轮廓。

10 将后发区右侧的部分头发向上提拉，扭转并固定。

11 将固定好之后剩余的发尾在左侧打卷并固定。

12 将后发区剩余的头发向上提拉，扭转并固定。

13 将剩余的发尾在右侧打卷并固定。

14 在头顶位置佩戴饰品，装饰造型。

学习要点：充分利用饰品在造型中的作用，这款造型如果没有饰品的遮挡，头顶的发髻会显得特别突兀，通过饰品的遮挡，整体造型饱满而有气质。

01 将顶区的头发在头顶位置扭转成发髻并固定。

02 将左侧发区的头发向后提拉并调整出层次。

03 将处理好的头发在后发区的左侧固定。

04 将右侧发区的头发向后提拉并调整出层次，在后发区右侧固定。

05 用尖尾梳的尖尾调整刘海，使其更具有层次。

06 将后发区的头发向上扭转。

07 将扭转好的头发向上提拉并固定。

08 在头顶位置佩戴点翠皇冠，装饰造型。

学习要点：顶区的发包运用了牛角假发，缠绕时发包不要太大，注意牛角假发的两端要适当收拢，这样可以控制发包的大小。

01 在后发区扎马尾。

02 将牛角假发用扎好的马尾缠绕。

03 继续向上缠绕至头顶位置。

04 将牛角假发固定。

05 固定好之后调整顶区造型的轮廓。

06 将刘海区左侧的头发用尖尾梳辅助调整出弧度并固定。

07 将左侧发区的头发向上提拉，扭转并固定。

08 将刘海区右侧的头发用尖尾梳辅助调整出弧度并固定。

09 将右侧发区的头发向上提拉，扭转并固定。

10 将剩余的发尾在后发区打卷并固定。

11 在头顶位置佩戴皇冠，装饰造型。

学习要点：假发与真发结合，首先要注意发色要接近，另外真假发衔接的位置要通过运用造型手法将其修饰好，达到以假乱真的效果。

01 将后发区的头发在后发区扎马尾。

02 将扎好的马尾向上打卷并固定，使其隆起一定的高度。

03 在后发区佩戴假发。

04 将右侧发区的头发向上提拉并倒梳，再将其表面梳理光滑。

05 将梳理好的头发在后发区扭转并固定，将左侧发区的头发以同样的方式处理。

06 在头顶位置佩戴饰品，装饰造型。

07 用尖尾梳将刘海区的头发调整出一定的弧度。

08 将剩余的发尾在后发区固定。

09 将后发区左侧的部分头发在后发区打卷并固定。

10 继续在后发区进行多次打卷并固定，使后发区下方呈收拢的状态。

11 在后发区佩戴饰品，点缀造型。

12 在刘海区佩戴饰品，装饰造型。

学习要点：此款造型高贵而自然，这是因为顶区利用头发的发尾塑造，整体造型显得光滑而具有层次感。

01 将顶区的头发向上提拉并打卷。

02 将打好的发卷固定牢固。

03 将右侧发区的头发进行三带二编发。

04 将编好的头发扭转并在后发区固定。

05 将左侧发区的头发进行三带二编发。

06 将编好的头发在后发区扭转并固定。

07 从后发区右侧取头发，向上提拉，扭转并在顶区固定。

08 将后发区左侧的头发向右侧提拉，扭转并固定。

09 将固定好之后剩余的发尾在顶区调整好层次并固定。

10 将刘海区左侧的头发向后扭转并固定。

11 将固定好之后剩余的发尾提拉至顶区并固定。

12 将刘海区右侧的头发向后扭转并固定。

13 将固定好之后剩余的发尾向上提拉，打卷并固定。

14 在头顶位置佩戴皇冠，装饰造型。

学习要点：此款造型要注意刘海区的层次，同时也要注意顶区造型的层次，丰富的层次可以使造型在甜美中带有一些高贵的气质。

01 将刘海区及两侧发区的头发向上提拉并倒梳。

02 将左侧发区的头发向后扭转并固定。

03 将右侧发区的头发向后扭转并固定。

04 将刘海区的头发前推，使其隆起一定的高度并固定。

05 将后发区左侧的头发向上提拉，扭转并固定。

06 将固定好之后剩余的发尾调整出层次感并进行细致的固定。

07 将后发区中间位置的头发向上提拉，扣卷并固定。

08 从后发区右侧取部分头发，向上提拉，打卷并固定。

09 将后发区剩余的头发向上固定好，对顶区的层次做细致调整。

10 在额头位置佩戴饰品，装饰造型。

学习要点：将牛角假发运用在后发区，使后发区造型的轮廓更加饱满，需要注意的是，不要使假发外露，要将其隐藏好。

01 将刘海区的头发向后扭转，使其隆起一定的高度后固定。

02 从右侧发区取一束头发，向上打卷。

03 将打好的发卷在刘海区固定。

04 将左侧发区的头发向上提拉并打卷。

05 将打好的发卷在刘海区后方固定。

06 将右侧发区剩余的头发向上打卷。

07 将打好的发卷在之前的发卷的后方固定。

08 将牛角假发卷在后发区的头发中。

09 继续向上卷，收紧牛角假发的两端。

10 将牛角假发提拉至顶区下方并固定。

11 将顶区的头发向上提拉并倒梳。

12 将倒梳好的头发向下扣卷。

13 提拉扣卷并固定好头发，使造型的轮廓更加光滑、饱满。

14 在左侧佩戴饰品，装饰造型。

15 在顶区佩戴饰品，装饰造型。

学习要点：在处理刘海区及两侧发区的头发之前先将头发烫卷，这样做的目的是使头发有更好的卷曲度和蓬松感，更有利于造型。

01 用电卷棒将刘海区和两侧发区的头发烫卷。

02 用尖尾梳将刘海区和两侧发区的头发适当倒梳，使其更具有层次。

03 将倒梳好的头发固定。

04 从后发区左侧向右下方用三带一的手法编发。

05 编发时注意调整好编发的角度，使其走向自然。

06 将编好的头发向上打卷并固定。

07 从后发区右下方取头发，向左侧提拉，扭转并固定。

08 将后发区剩余的头发向上打卷并固定。

09 在头顶位置佩戴饰品，装饰造型。

学习要点：在做顶区的发包前先佩戴皇冠，这是因为顶区的发包做好之后皇冠很难佩戴并且会破坏发包的轮廓，而提前佩戴会呈现更好的效果。

01 在顶区佩戴皇冠，将顶区的头发放在皇冠中。

02 将顶区的头发向上提拉并打卷。

03 将打卷好的头发向前推，使其隆起一定的高度后固定。

04 将左侧发区的头发向后扭转并固定。

05 将右侧发区的头发向后扭转并固定。

06 固定好之后将剩余的发尾向上打卷并固定。

07 将后发区右侧的头发向左上方提拉并扭转。

08 将扭转之后剩余的发尾打卷并固定。

09 将后发区左侧的头发向右上方提拉，扭转并固定。

10 将固定好之后剩余的发尾打卷并固定。

11 将刘海区左侧剩余的头发用电卷棒烫卷。

12 将刘海区右侧剩余的头发用电卷棒烫卷。

13 烫卷之后对头发的层次做调整。

学习要点：此款造型的重点是打造飘逸的发丝，使发丝呈现出灵动感。除了利用尖尾梳对发丝进行调整之外，还可以用发胶和蓬松粉辅助造型。

01 将顶区的头发进行三股辫编发，并使其隆起一定的高度。

02 将编好的辫子用皮筋固定。

03 将辫子向内扣后继续固定。

04 将右侧发区的部分头发向后打卷并固定。

05 保留部分发丝，将右侧发区剩余的头发向后扭转并固定。

06 将后发区右侧的部分头发向上提拉并扭转。

07 将扭转好的头发固定。

08 在左侧发区保留部分发丝后，将剩余的头发在后发区扭转并固定。

09 将后发区左侧剩余的头发向上翻卷并固定。

10 将后发区右侧剩余的头发向上提拉并打卷。

11 将打卷好的头发固定。

12 在头顶位置佩戴饰品，装饰造型。

13 用电卷棒对保留的发丝进行细致的烫卷。

14 用尖尾梳调整发丝层次，适当对饰品进行遮挡。

15 用尖尾梳将发丝轻轻倒梳，使发丝更加立体生动。

学习要点：造型前在后发区下的发卡都是斜向下的，这样不但可以起到对造型的支撑作用，还能控制后发区造型的走向。

01 将左侧发区的头发以尖尾梳为轴向后翻卷并使其隆起一定的高度。

02 将头发适当收紧，用发卡固定。

03 将右侧发区的头发以尖尾梳为轴向后翻卷并隆起一定的高度。

04 将头发适当收拢，用发卡固定。

05 将发尾扭转，将其在后发区右侧固定。

06 在后发区横向下多个发卡固定。

07 从后发区右侧取一束头发，扭转，向上打卷并固定。

08 继续从后发区右侧取一束头发，扭转，向上收拢并固定。

09 将后发区剩余的头发调整出层次。

10 将调整好的头发在后发区左侧固定。

11 在头顶位置佩戴饰品，装饰造型。

学习要点：后发区的头发要隆起，在造型时要采用分层向上提拉并固定的方式，使造型更加饱满自然。

01 将刘海区及两侧发区的头发向上隆起并固定。

02 将固定好之后剩余的发尾扭转并固定。

03 固定好之后对发尾的层次进行调整，使其层次更丰富。

04 从后发区右侧取头发，向上扭转并固定，注意保留发尾的层次。

05 从后发区左侧取头发，向上扭转，注意保留部分发尾的层次。

06 调整固定好之后头发的发尾的层次。

07 继续从后发区取部分头发，向上扭转并固定。

08 在后发区右侧取头发，将其进行适当扭转后在顶区固定。

09 固定好之后调整发尾层次，与之前调整好层次的头发固定在一起。

10 将后发区剩余的头发向上提拉并扭转。

11 在头顶位置佩戴饰品，装饰造型。

12 调整发丝层次，对饰品进行修饰。

学习要点：最后用电卷棒烫卷发丝非常重要，这样可以使造型更具有层次，再搭配唯美的皇冠，整体造型高贵又浪漫。

01 将顶区的头发向上收拢，将其暂时固定。

02 将刘海区的头发向后翻卷并固定。

03 将右侧发区的部分头发进行三股辫编发。

04 将编好的头发向上打卷并固定。

05 保留部分发丝，将右侧发区剩余的头发向上打卷并固定。

06 将左侧发区的部分头发进行三股辫编发，向上打卷并固定。

07 将左侧发区剩余的头发编好，向上打卷并固定。

08 将后发区的头发倒梳。

09 将倒梳好的头发向上翻卷，收拢并固定。

10 将顶区的头发放下，并从中分出一束头发，向上打卷并固定。

11 用同样的方式分多次将头发向上打卷并固定。

12 将剩余的头发打卷并固定。

13 将剩余的发丝用电卷棒烫卷。

14 将发丝整理好层次，喷胶定型。

15 在头顶位置佩戴饰品，装饰造型。

学习要点：佩戴皇冠后对顶区的头发进行造型，这种操作方式有利于皇冠与造型更好地结合，使整体造型更加高贵柔美。

01 将顶区的头发用皮筋固定后佩戴皇冠，在马尾中分出一束头发并打卷。

02 将打好的发卷在顶区固定。

03 将马尾中剩余的头发梳理好并在顶区打卷。

04 将后发区左侧的头发进行两股辫编发。

05 将编好的头发在后发区右侧固定。

06 将后发区剩余的头发进行两股辫编发，将编好的头发在后发区左侧固定。

07 从刘海区取一束头发，进行两股辫编发。

08 将编好的头发抽出层次并固定。

09 继续将刘海区的头发进行两股辫编发。

10 将编好的头发抽出层次并固定。

11 将右侧发区剩余的头发进行两股辫编发。

12 将编好的头发抽出层次，在右侧发区的下方固定。

13 从左侧发区向右提拉头发，进行两股辫编发并抽出层次，再将其固定。

14 将左侧发区剩余的头发进行两股辫编发，向右侧发区方向提拉并固定。

15 为头发进行喷胶定型，并对层次做调整。

学习要点：刘海区的发丝层次是这款造型的重点，注意要在抽丝的时候塑造自然飘逸的造型纹理。

01 将顶区的头发进行三股辫编发并抽出层次。

02 将抽丝好的头发在后发区打卷，收拢并固定。

03 从后发区右侧取头发，进行两股辫编发并抽出层次，然后向上打卷并固定。

04 从后发区偏左侧取头发，进行两股辫编发。

05 将编好的头发适当抽出层次，向上打卷并固定。

06 将后发区左侧剩余的头发进行两股辫编发并抽出层次。

07 将抽丝好的头发在后发区左侧固定。

08 将右侧发区的头发进行两股辫编发，将编好的头发在后发区固定。

09 从左侧发区取一束头发，进行两股辫编发并抽丝。

10 将抽丝好的头发在后发区固定。

11 将左侧发区剩余的头发进行两股辫编发并抽丝，在后发区固定。

12 从刘海区中分出部分头发，进行两股辫编发并抽丝，在后发区固定。

13 将刘海区的部分头发进行两股辫编发并抽丝，在右侧固定。

14 将刘海区剩余的头发进行两股辫编发并抽丝，在后发区固定。

15 佩戴饰品，装饰造型。

学习要点：在塑造造型的时候，要注意将刘海区的头发打造出随意感。

01 将顶区及后发区的头发进行松散的三带二编发。

02 将编好的头发适当抽出层次。

03 将抽丝好的头发在后发区打卷并固定。

04 将右侧发区的头发进行两股辫编发并抽出层次。

05 将抽丝好的头发在后发区固定。

06 将左侧发区的头发进行两股辫编发。

07 将编好的头发适当抽出层次，在后发区固定。

08 在刘海区取一束头发，进行两股辫编发。

09 将编好的头发抽丝出层次。

10 将抽丝好的头发在后发区固定。

11 将刘海区剩余的头发进行两股辫编发。

12 将编好的头发抽出层次，在后发区固定。

13 在右侧发区佩戴饰品，装饰造型。

14 在左侧发区佩戴饰品，装饰造型。

学习要点：在扭 8 字编发的时候，为了让头发更适应造型需要，可以用小发卡临时固定。

01 在头顶取一束头发，进行两股扭转。

02 从旁边取一束头发，扭成 8 字形，放在中间。

03 以同样的方式连续向下操作，将发尾收起并固定。

04 从右侧发区及部分后发区取头发，进行两股扭转并适当抽出层次。

05 将发辫的发尾在后发区向上提拉，打卷并固定。

06 将顶区的头发在后发区进行两股辫编发并抽出层次。

07 将抽丝好的头发在后发区向上打卷并固定。

08 将后发区下方的头发进行两股辫编发并抽出层次，在后发区固定。

09 在左侧发区取一束头发，进行两股交叉，从旁边取一束头发，扭成 8 字形，放在中间。

10 以同样的方式向后发区方向操作。

11 将头发的发尾在后发区固定。

12 将后发区剩余的头发在后发区左侧向上打卷并固定。

13 用尖尾梳辅助调整剩余发丝的层次。

14 在头顶佩戴羽毛饰品，装饰造型。

学习要点：将头发从右侧发区一直编向左侧发区，通过适当调整层次，可以使整体造型的轮廓更加饱满。

01 将顶区的头发扭转，收拢后固定。

02 在后发区取一束头发，扭转后向上提拉并固定。

03 从右侧发区开始将头发进行两股辫编发。

04 将头发编至左侧发区并抽出层次。

05 将抽丝好的头发在头顶固定。

06 佩戴羽毛饰品，装饰造型。

07 调整剩余发丝，对造型进行修饰。

08 在后发区佩戴头纱，装饰造型。

09 将头纱在后发区固定好。

学习要点：顶区的头发在头顶固定时要保留一些发丝的层次，使整体造型更有层次。

01 将刘海区的头发向下打卷，收拢并固定。

02 将右侧发区的头发进行两股辫编发。

03 将编好的头发向左侧发区提拉并适当抽出层次。

04 将抽丝好的头发在左侧发区固定。

05 将顶区的头发进行两股辫编发并抽出层次。

06 将抽丝好的头发在头顶位置固定。

07 将左侧发区的头发进行两股辫编发并抽出层次，在右侧发区固定。

08 将后发区右侧的头发进行两股辫编发并抽出层次。

09 将抽丝好的头发拉向后发区左侧并在头顶位置固定。

10 将后发区剩余的头发进行两股辫编发并抽出层次。

11 将抽丝好的头发拉向后发区右侧并在头顶位置固定。

12 在头顶佩戴饰品，装饰造型。

学习要点：注意发丝向上提拉并固定的操作，这个步骤很关键，可以使发丝的纹理更好地展现。

01 将顶区的头发扎马尾，再进行三带一编发。

02 将编好的头发适当抽出层次，在顶区固定。

03 从右侧发区取一束头发，进行两股辫编发，抽出层次后在左侧发区固定。

04 将刘海区的头发进行瀑布辫编发。

05 将夹在中间的头发的发尾分别向上打卷并固定。

06 固定好之后将头发调整出层次。

07 将左侧发区的头发进行两股辫编发并抽出层次。

08 将抽丝好的头发向上提拉，在顶区固定。

09 将后发区右侧的头发进行两股辫编发并斜向上提拉，在顶区下方固定。

10 从后发区左侧取一束头发，进行两股辫编发并抽出层次，向上提拉并固定。

11 从后发区右下方取一束头发，进行两股辫编发并抽出层次。

12 将抽丝好的头发在后发区右上方固定。

13 将后发区剩余的头发进行两股辫编发，向上提拉并固定。

14 佩戴饰品，装饰造型。

学习要点：左侧发区的卷曲发丝使造型更显生动，调整发丝层次，喷少量干胶定型。

01 将刘海区的头发用波纹夹固定。

02 将刘海区的头发从右侧发区向前推出弧度。

03 将推出弧度的头发用波纹夹固定，再向后推出弧度并固定。

04 在后发区左侧取一束头发，进行两股辫编发。

05 将编好的头发在后发区右侧固定。

06 将右侧头发中的一部分向上打卷并固定。

07 将剩余的头发用电卷棒烫卷。

08 调整好头发的层次，对其进行喷胶定型。

09 将左侧剩余的发丝用电卷棒烫卷。

10 调整烫卷头发的层次，对其进行喷胶定型。

11 佩戴饰品，装饰造型。

12 继续用电卷棒对发丝进行细致的烫卷并调整层次。

学习要点：对顶区头发的固定很重要，这不但确定了造型的高度，同时还使造型的层次更加丰富。

01 将大部分头发在顶区收拢。

02 用皮筋固定收拢的头发。

03 在马尾中分出部分头发，进行两股辫编发。

04 将编好的头发向上收拢并固定。

05 将马尾中剩余的头发进行两股辫编发。

06 将头发适当抽出层次，在头顶位置固定。

07 在头顶佩戴饰品。

08 用电卷棒将剩余的发丝烫卷。

09 调整右侧发区发丝的层次，用发丝对饰品进行修饰。

10 调整后发区发丝的层次，向上提拉并固定。

11 调整左侧发区发丝的层次，向上提拉并固定。

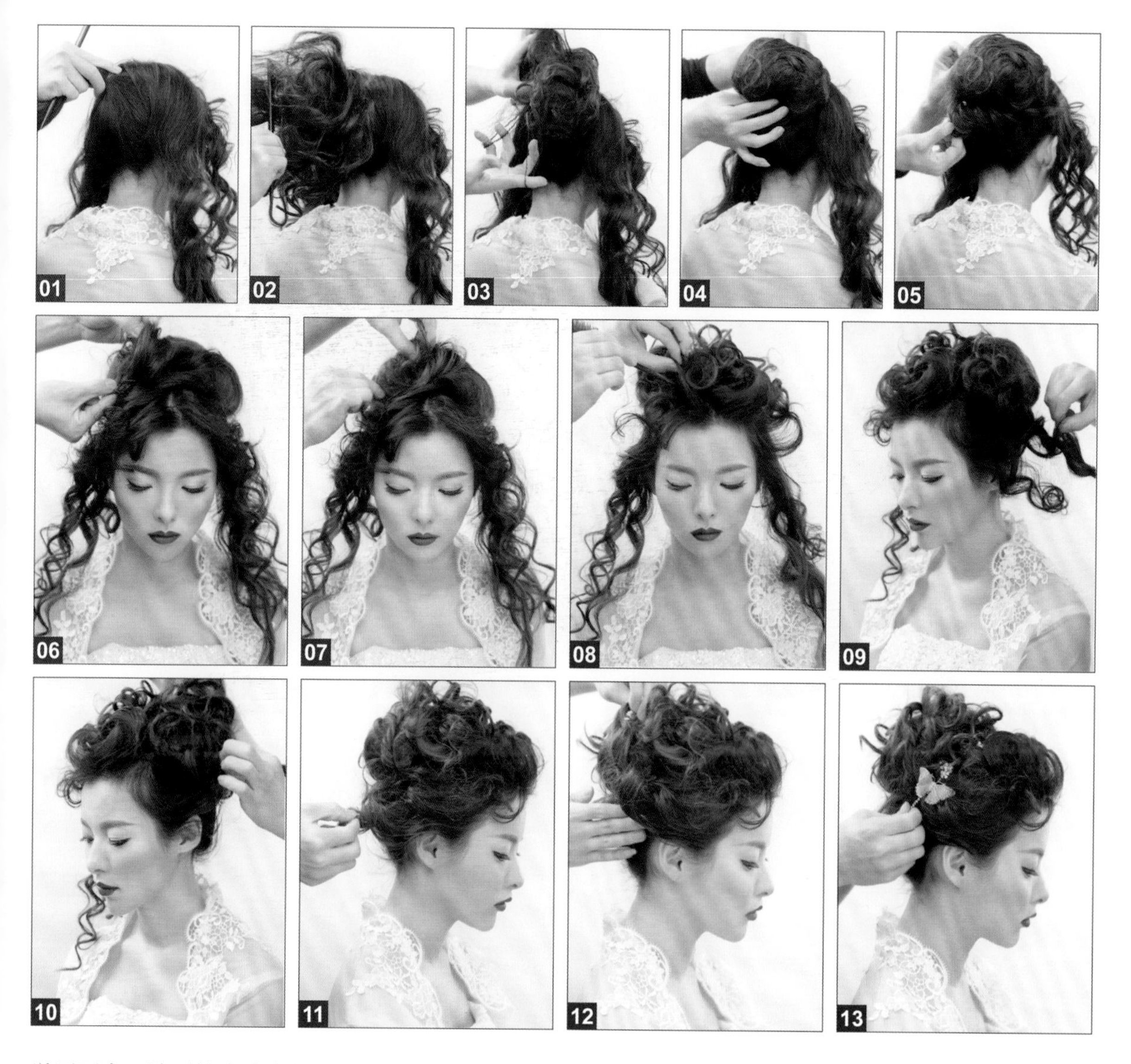

学习要点：造型轮廓边缘的发丝要有层次，否则造型会显得呆板、不够时尚。

01 将后发区的头发在后发区上方扎马尾。

02 将马尾中的头发用尖尾梳倒梳。

03 用发网将头发套住。

04 将头发在顶区固定。

05 从右侧发区取一束头发，进行两股辫编发，抽出层次，在后发区左侧固定。

06 从左侧发区取一束头发，进行两股辫编发并在顶区抽出层次。

07 将抽好层次的头发在顶区固定。

08 用尖尾梳调整刘海区头发的层次，向上提拉并固定。

09 调整左侧发区头发的层次。

10 调整好层次后将头发向上提拉并固定。

11 调整右侧发区头发的层次。

12 调整好层次后将头发向上提拉并固定。

13 佩戴饰品，装饰造型。

学习要点：注意对刘海区头发弧度的塑造，佩戴的饰品可以辅助固定刘海区的头发。

01 将后发区的头发在后发区偏上位置扎马尾。

02 将马尾向下打卷并固定。

03 在顶区取一束头发，向后扭转并固定。

04 固定好之后将剩余的发尾在后发区打卷并固定。

05 将顶区剩余的头发向后发区打卷并固定。

06 将左侧发区的头发向后发区方向扭转并固定，将剩余的发尾在后发区打卷并固定。

07 将右侧发区的头发向后发区方向扭转并固定，将剩余的发尾在后发区打卷并固定。

08 调整刘海区头发的弧度。

09 调整好弧度后将发尾打卷并固定。

10 佩戴饰品，装饰造型。

学习要点：后发区的头发呈现多层次的纹理，饰品不要佩戴得太靠上，在正面观察造型的时候，发丝对饰品有一定的遮挡。

01 调整刘海区头发的层次。

02 将顶区的头发连续扭转后抽出层次。

03 将调整好层次的头发在后发区上方收拢并固定。

04 将右侧发区的头发进行两股辫编发并抽出层次。

05 将调整好层次的头发在后发区左上方收拢并固定。

06 将左侧发区的头发进行两股辫编发并抽出层次。

07 将调整好层次的头发在后发区右侧固定。

08 将后发区右下方的头发进行两股辫编发并抽出层次。

09 将调整好层次的头发在后发区左侧固定。

10 将后发区剩余的头发进行两股辫编发并抽出层次。

11 将调整好层次的头发在后发区右侧固定。

12 在头顶位置佩戴饰品，装饰造型。

学习要点：造型呈现比较干净光滑的感觉，搭配饰品之后，整体造型呈现简洁唯美的感觉。

01 将后发区的头发在后发区收拢并固定。

02 将顶区右侧的头发在后发区扭转并固定。

03 将剩余的发尾在后发区扭转并固定。

04 将顶区中间部分的头发向后发区方向扭转并固定。

05 继续将头发的发尾在后发区扭转并固定。

06 将剩余的发尾在后发区打卷并固定。

07 将顶区左侧的头发在后发区扭转并固定。

08 将剩余的发尾在后发区打卷并固定。

09 将右侧发区的部分头发在后发区扭转并固定。

10 将剩余的发尾在后发区打卷并固定。

11 将左侧发区的部分头发进行两股辫编发，适当进行抽丝，向后发区方向提拉并固定。

12 将刘海区右侧的头发以尖尾梳为轴向下打卷并固定。

13 将剩余的发尾继续打卷并固定。

14 将刘海区右侧的头发以同样的方式进行操作。

15 佩戴饰品，装饰造型。

学习要点：在后发区打卷并固定头发的时候，注意头发摆放的角度，最后使头发结合在一起，形成后发区饱满的轮廓。

01 将后发区中间部分头发在后发区扎马尾。

02 将马尾中的头发向下打卷并固定。

03 将右侧发区的部分头发向上翻卷并固定。

04 继续将右侧发区的头发向上翻卷并固定。将发尾连续翻卷，向上提拉并固定。

05 将两次翻卷剩余的发尾在后发区上方打卷并固定。

06 将后发区左侧的部分头发在后发区打卷并固定。

07 将后发区左侧剩余的头发在后发区扭转并固定，将剩余的发尾打卷并固定。

08 将左侧发区的头发用与右侧发区相同的方式操作。

09 将刘海区左侧的头发在额头处向下打卷并固定，将剩余的发尾以同样的方式向下打卷并固定。

10 将刘海区右侧以同样的方式进行操作。

11 在头顶位置佩戴饰品，装饰造型。

12 在后发区佩戴饰品，装饰造型。

学习要点：后发区的头发是采用一束头发两侧来回固定的方式，注意下发卡时要固定牢固、到位。

01 在左右两侧保留部分头发，将其他所有头发在后发区收拢并向上翻卷。

02 将翻卷的头发固定。

03 将后发区左侧的头发向右侧提拉，扭转并固定。

04 将后发区右侧的头发向左侧提拉，扭转并固定。

05 将头发剩余的发尾向后发区上方提拉。

06 将发尾收起并固定。

07 将剩余的头发用电卷棒分片并细致地烫卷。

08 调整发丝层次，喷胶定型。

09 佩戴饰品，装饰造型。

01 将后发区的头发在后发区上方收拢并固定。

02 用电卷棒将头顶的头发烫卷。

03 在烫发的时候注意调整烫卷的角度。

04 对不够饱满的位置进行细节烫发。

05 用尖尾梳对头发倒梳。

06 倒梳的时候适当拉伸头发，使其更富有层次。用尖尾梳调整发丝，使其更具有层次感并喷胶定型。

07 佩戴花环，装饰造型。

08 在左侧发区抓网眼纱，装饰造型。

学习要点：网眼纱的抓纱层次不但调和了饰品与造型的搭配，而且起到了修饰额头的作用。

学习要点：用简单的编发丰富刘海区头发的纹理，使造型与饰品之间的搭配更加协调。

01 将左侧发区的头发用三带二的手法编发。

02 继续向后编发，带入部分后发区的头发。

03 编发时带入顶区及右侧发区的头发。

04 用三股辫编发收尾。

05 将辫子收拢在后发区并固定。

06 在刘海区取一束头发，进行三股辫编发。

07 继续取一束头发，进行三股辫编发。

08 将刘海区剩余的头发进行三股辫编发。

09 将最后一条发辫固定。

10 将第二条发辫在右侧发区固定。

11 将剩余的发辫在右侧发区打卷并固定。

12 在左侧发区佩戴饰品，装饰造型。

学习要点：造型主体偏向右侧发区方向，电卷棒对头发的烫卷很重要，可以使头发更富有层次。

01 将右侧发区的头发向上提拉并扭转。

02 用发卡将扭转好的头发固定。

03 从后发区取一束头发，向上提拉，扭转并固定。

04 从左侧发区取一束头发，向上提拉，扭转并固定。

05 将后发区剩余的头发向上提拉，扭转并固定。

06 用电卷棒将头发烫卷。

07 将部分卷发在后发区收拢并固定。

08 将剩余的卷发在右侧发区收拢并固定。

09 调整造型的发丝层次，使其更加饱满。

10 在左侧发区佩戴饰品，装饰造型。

学习要点：注意刘海区的头发表面要光滑干净，但又不能收得太紧，应使其对耳朵进行自然遮挡。

01 将刘海区的头发进行中分。

02 将左侧发区的头发向后发区提拉并固定。

03 将固定好的头发的发尾带入部分后发区的头发，向上翻卷并固定。

04 将刘海区左侧的头发表面处理光滑，向后发区扭转并固定。

05 将刘海区右侧的头发用同样的方式处理。

06 从后发区底端右侧取一束头发，向上翻卷并固定。

07 从后发区左侧取一束头发，向上翻卷并固定。

08 将后发区剩余的头发向上收拢，打卷后固定。

09 在后发区下方佩戴饰品，点缀造型。

10 佩戴造型网眼纱，点缀造型。

学习要点：此款造型的编发不要收得过紧，尤其是刘海区的头发要呈现松紧适度的自然效果，这样可以使造型更加柔美。

01 将刘海区连同右侧发区的头发用两股辫续发编发的手法编发。

02 编至后发区后转换为用三带一的手法编发，边编发边带入后发区的头发，头发要编得松散自然。

03 将编发带向后发区的左侧，注意调整好头发提拉的角度。

04 将编好的头发固定。

05 将左侧发区的头发用两股辫的形式编发。

06 将编好之后剩余的发尾在后发区打卷并固定。

07 将顶区预留的头发在右侧用三带一的手法编发。

08 继续向下编发，编发呈上松下紧的状态。

09 将编发带至后发区的左侧。

10 将编好的头发向上提拉并固定。

11 在头顶位置佩戴水钻发饰，装饰造型。

12 将发饰在后发区下方系成蝴蝶结。

学习要点：发型的重点是将刘海区的头发进行翻卷，要使其呈现蓬松饱满而自然的感觉，另外注意后发区造型的层次。

01 将刘海区的头发表面梳理得光滑干净。

02 将刘海区的头发向后上方翻卷并固定。

03 将左侧发区的头发向上扭转并固定，调整头发的层次。

04 将右侧发区的头发向后扭转并固定。

05 固定好之后，将剩余的发尾向上扭转并固定。

06 固定好之后对其层次做细致调整。

07 继续将头发向上提拉，扭转并固定。

08 固定好之后调整头发的层次。

09 将剩余的头发向上提拉，扭转并固定。

10 用尖尾梳调整固定好之后的头发层次。

11 在额头位置佩戴蕾丝饰品，装饰造型。

12 佩戴蕾丝蝴蝶饰品，点缀造型。

学习要点：此款造型的重点是刘海区的造型轮廓。将刘海区的头发扭转，改变头发的走向，接下来将头发适当向前推，使刘海区呈现更加饱满的轮廓。

01 将刘海区的头发进行适当扭转。

02 将扭转好的头发向前推后下压并固定。

03 将固定好之后剩余的发尾打卷并固定。

04 将左侧发区的头发提拉并扭转，在靠近顶区的位置固定。

05 将右侧发区的头发向上提拉，扭转并固定。

06 将两侧发区头发的发尾在顶区收拢并固定。

07 将后发区剩余的头发向上提拉并扭转。

08 将扭转好剩余的发尾收拢并固定。

09 在头顶位置佩戴饰品，装饰造型。

学习要点：此款造型利用饰品在后发区装饰，弥补了造型轮廓的缺陷，使造型轮廓更加饱满，另外刘海区头发的弯度可利用蛋糕夹来打造。

01 从后发区左侧取头发，向右侧提拉，扭转并固定。

02 从后发区右侧取头发，向左侧提拉，扭转并固定。

03 从后发区下方取部分头发，向上打卷并固定。

04 将后发区剩余的头发向上打卷，在后发区下方固定。

05 将后发区剩余的发尾向上打卷并固定。

06 在头顶靠近额头处佩戴饰品。

07 将饰品两端固定，在后发区下方打蝴蝶结。

08 在后发区左侧佩戴造型花，装饰造型。

09 在后发区右侧佩戴造型花，装饰造型。

学习要点：注意这款造型的操作顺序，先将两侧发区的头发在后发区的下方收拢并固定，再处理其他区域的头发，这样使造型结构更加简约，此种方式也适用于头发过多时隐藏头发。

01 将顶区及后发区的头发暂时固定。将右侧发区的头发在后发区的下方固定。

02 将左侧发区的头发在后发区的下方固定。

03 将固定好之后剩余的发尾收起并固定。

04 将暂时固定的头发放下，将顶区和后发区的头发在后发区扭转并固定。

05 将后发区头发的发尾扭转并向上打卷。

06 将打好卷的头发在后发区固定。

07 将刘海区的头发用尖尾梳向右侧梳理光滑。

08 将梳理好的头发的发尾扭转。

09 将扭转好的发尾在后发区固定。

10 用尖尾梳的尖尾调整后发区的头发层次。

11 在左侧佩戴饰品，装饰造型。

12 继续在左侧佩戴饰品，装饰造型。

学习要点：注意在左侧发区的头发向后发区梳理，收拢及打卷的连续操作过程中，要将其梳理干净并固定牢固，这样才能与之后的造型很好地衔接。

01 将刘海区的头发向右侧梳理光滑。

02 将刘海区右侧的头发向后发区方向梳理。

03 将梳理好的头发在后发区扭转并固定。

04 将左侧发区的头发向后发区方向梳理。

05 将梳理好的头发在后发区收拢并打卷。

06 将打好的发卷在后发区右侧固定。

07 将后发区的头发用尖尾梳梳理光滑。

08 将梳理好的头发打卷。

09 将打好的发卷固定。

10 在后发区佩戴饰品，装饰造型。

学习要点：具有波纹感的刘海使造型的复古感较强，为了使造型不会显得过于老气，后发区的造型轮廓要适当收紧，使造型的重点在刘海区。

01 将左侧发区的部分头发向后扭转并固定。

02 将刘海区左侧的头发用尖尾梳辅助推出弧度。

03 处理好弧度后将剩余的发尾在左耳后扭转并固定。

04 用尖尾梳将右侧刘海区的头发向上推。

05 将推好弧度的头发用波纹夹固定。

06 继续用尖尾梳的尖尾辅助，将头发向前推出弧度。

07 将推好弧度的头发用波纹夹固定。

08 将刘海区的头发向下扣卷并固定。

09 将剩余的发尾在后发区扭转并固定。

10 将顶区的头发向后发区左侧打卷并固定。

11 将后发区右侧的头发向左侧打卷并固定。

12 从后发区左侧取一束头发，向右侧打卷并固定。

13 将后发区剩余的头发分片向上打卷并固定。

14 在头顶位置佩戴饰品，装饰造型。

15 在后发区佩戴饰品，装饰造型。

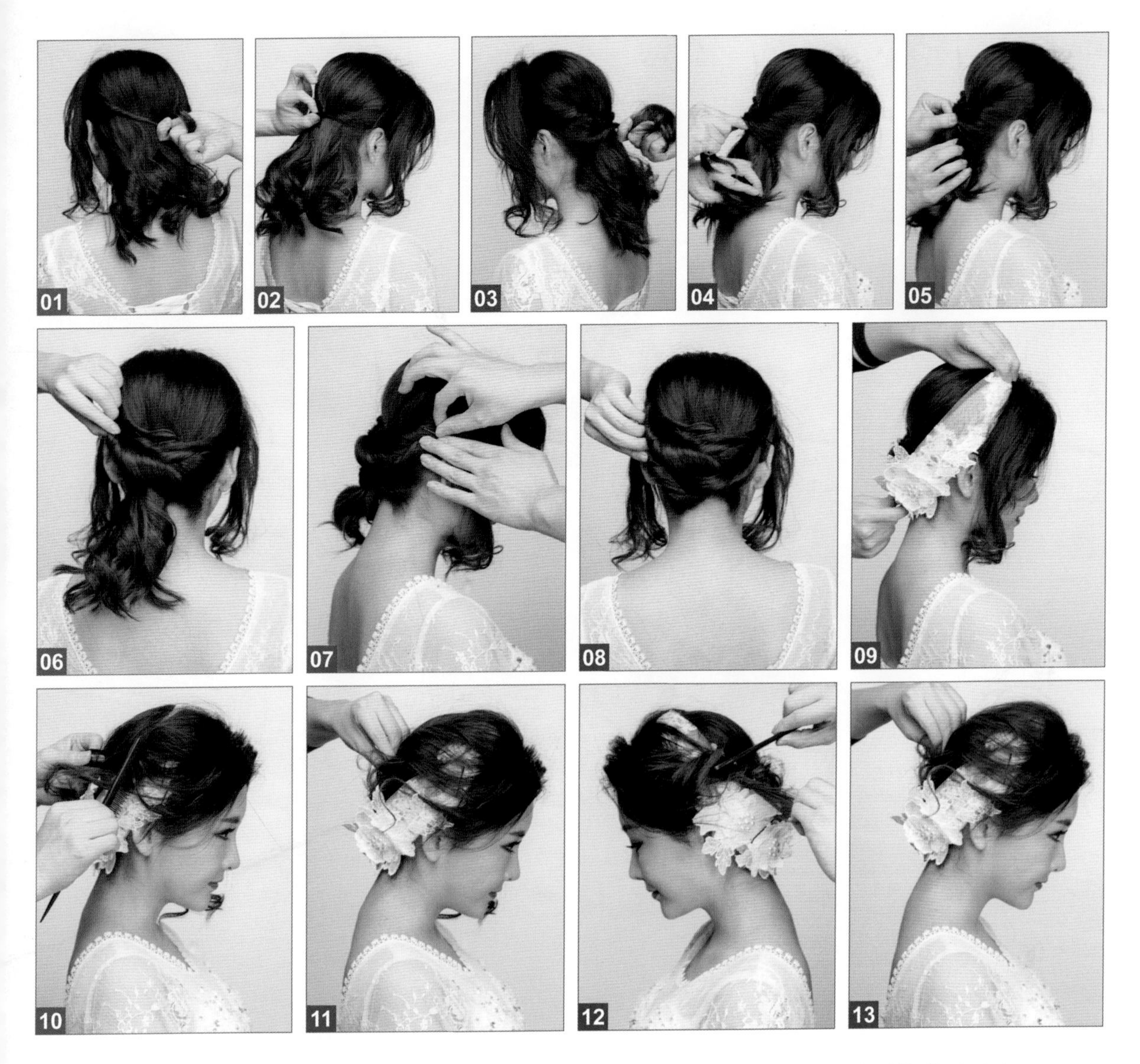

学习要点：处理此款造型时，注意两侧发区的发丝要保留一定的空间层次，使造型饱满而灵动。

01 将左侧发区的头发在后发区扭转，使其呈绳状并固定。

02 将右侧发区的头发在后发区扭转，使其呈绳状并固定。

03 从后发区左侧取一束头发，向右扭转并固定。

04 从后发区右侧取一束头发，向左扭转。

05 将扭转好的头发固定。

06 将后发区右下方的头发向左上方扭转，提拉并固定。

07 将后发区剩余的部分头发向右上方扭转并固定。

08 将后发区剩余的头发向左上方提拉，扭转并固定。

09 在后发区佩戴饰品，在顶区固定。

10 将右侧发区的头发适当扭转后倒梳，用发丝修饰饰品。

11 将发丝在后发区固定。

12 将左侧发区的头发适当扭转后倒梳，使其呈现更丰富的层次。

13 调整好头发的层次，在后发区将其固定。

学习要点：注意在造型时，刘海区及两侧发区的头发不要梳理得过于干净，要保留一定的蓬松感，这样可以使造型与饰品的结合更自然。

01 在头顶位置佩戴饰品。

02 将左侧发区的头发向后扭转。

03 将扭转好的头发在后发区固定。

04 将右侧发区连同部分后发区的头发向后扭转。

05 将扭转好的头发在后发区固定。

06 从后发区左侧取部分头发，向上提拉并打卷。

07 将打好的发卷在后发区固定。

08 继续从后发区右下方取部分头发，向上提拉并打卷。

09 将打好的发卷在后发区固定。

10 在后发区取一束头发，向上提拉，打卷并固定。

11 将后发区剩余的头发向上提拉，扭转并固定。

12 将头发梳理干净，调整整体造型的轮廓，使其更加饱满。

学习要点：顶区的发丝要具有一定的空间层次感，将头发抽丝好后佩戴蝴蝶饰品，这样可以使造型的空间感更强。

01 将头发收拢在后发区，分成两股并扭转。

02 将其中一股头发固定。

03 将固定好的头发继续向上提拉并扭转。

04 将扭转好的头发在右侧打卷并固定。

05 调整固定好之后的头发的轮廓，对细节进行处理。

06 将剩余的头发扭转并在后发区固定，调整后发区造型的轮廓。

07 在头顶位置佩戴饰品，装饰造型。

08 用预留的发丝适当对饰品进行修饰。

09 在头顶左侧佩戴蝴蝶饰品，装饰造型。

10 在后发区佩戴饰品，点缀造型。

11 继续在后发区佩戴饰品，点缀造型。

学习要点：此款造型呈现简约时尚的美感，要注意后发区的头发分片打卷的提拉角度，斜向上的提拉有利于对造型轮廓的塑造。

01 将左侧发区的头发在后发区扭转并固定。

02 将右侧发区的头发在后发区扭转并固定。

03 在后发区横向下发卡，对头发进行固定。

04 在头顶位置佩戴饰品。

05 从后发区右侧分出一束头发，斜向上打卷。

06 继续从后发区左侧分出一束头发，斜向上打卷。

07 将打好的发卷固定。

08 继续从后发区剩余的头发中分出一束头发，向上打卷并固定。

09 在剩余的头发中继续分出一束头发，斜向上打卷。

10 将打好的发卷固定。

11 将后发区剩余的头发向上打卷，将打好的发卷固定。

12 佩戴头纱，装饰造型。

学习要点：刘海区飘逸的发丝搭配复古礼帽，使整体造型具有复古浪漫的时尚美感。在打造造型时，注意后发区的造型轮廓要饱满。

01 将右侧发区的头发向后发区扭转。

02 将扭转好的头发在后发区固定。

03 将顶区的头发向后发区右侧扭转并固定。

04 在顶区左侧取一束头发，进行两股辫编发。

05 将编好的头发在后发区右侧固定。

06 从后发区左侧取一束头发，进行两股辫编发。

07 将编好的头发在后发区右侧固定。

08 将后发区右侧的头发向上翻卷并固定。

09 将后发区剩余的头发向上翻卷并固定。

10 用尖尾梳倒梳刘海区的头发，使其更具有层次感。

11 倒梳的时候注意提拉头发的角度。

12 将左侧发区的头发向后扭转并固定。

13 调整发丝层次，使造型轮廓更加饱满。

14 在左侧佩戴复古礼帽，装饰造型。

新娘森系灵动白纱发型

学习要点：在打造此款造型的时候，注意右侧发丝的层次很重要，有层次的发丝使造型更加灵动。

01 将刘海区的头发用波纹夹固定，将刘海区和右侧发区的头发进行三股辫编发，适当抽出层次。

02 将调整好的头发在右侧发区固定。

03 将后发区右侧的头发进行鱼骨辫编发，适当抽出层次。

04 将调整好的头发在右侧固定。

05 将后发区左侧的头发进行鱼骨辫编发。

06 将编好的头发抽出层次。

07 将调整好的头发在后发区的左侧固定。

08 将左侧发区的头发进行三股辫编发。

09 将头发适当抽出层次，将其在左侧打卷并固定。

10 调整剩余散落发丝的层次，喷胶定型。

11 取下波纹夹，在头顶位置佩戴饰品。

12 继续佩戴蝴蝶饰品，装饰造型。

学习要点：此款造型中，用发丝修饰绢花饰品，使造型与饰品的结合更加协调自然。

01 在头顶位置佩戴绢花饰品。

02 佩戴好绢花饰品后在顶区取一束头发，进行两股辫编发。

03 将编好的头发抽出层次，在右侧发区固定。

04 将右侧发区的头发进行两股辫编发。

05 将编好的头发抽出层次，在右侧发区固定。

06 继续在顶区取一束头发，进行两股辫编发并抽出层次。

07 将抽好层次的头发在右前方固定。

08 将左侧发区的头发进行两股辫编发并抽丝。

09 将抽丝好的头发向上提拉，在头顶位置固定。

10 将后发区上方的头发进行两股辫编发并抽丝。

11 将抽丝好的头发向上打卷并固定。

12 将后发区剩余的头发进行两股辫编发并抽丝。

13 将抽丝好的头发在后发区的右侧固定。

学习要点：处理造型时，先佩戴饰品，然后对发丝的细节进行适当处理，这样可以使造型的层次更加丰富。

01 在头顶位置佩戴饰品。

02 将右侧发区的头发向上收起并固定。

03 从头顶位置取一束头发，进行两股辫编发并抽丝。

04 将抽丝好的头发在头顶位置固定。

05 将左侧发区的头发进行两股辫编发并抽丝。

06 将抽丝好的头发在头顶位置固定。

07 从后发区左侧取一束头发，进行两股辫编发。

08 将编好的头发适当抽出层次，向上提拉，在头顶位置固定。

09 将后发区左侧的头发进行两股辫编发并抽出层次，将其向上提拉并固定。

10 从后发区右侧取一束头发，进行两股辫编发并抽出层次，将其向上提拉并固定。

11 将剩余的发丝用电卷棒烫卷。

12 将烫卷的头发调整出纹理，喷胶定型。

13 佩戴饰品，装饰造型。

学习要点：蝴蝶饰品的佩戴使发丝更显灵动。

01 从右侧发区取一束头发，进行两股辫编发。

02 将编好的头发抽出层次。

03 将抽丝好的头发在后发区固定。

04 在左侧发区取一束头发，进行两股辫编发并抽出层次。

05 将抽丝好的头发在后发区固定。

06 从后发区左侧取一束头发，进行两股辫编发并抽出层次。

07 将抽丝好的头发在后发区横向固定。

08 从后发区右侧取一束头发，进行两股辫编发并抽出层次。

09 将抽丝好的头发在后发区横向固定。

10 将剩余垂落的头发烫卷。

11 用尖尾梳将右侧烫卷的头发适当倒梳出层次。

12 调整发丝纹理，喷胶定型。

13 用尖尾梳将左侧垂落的头发倒梳出层次喷胶定型，调整发丝纹理。

14 佩戴饰品，装饰造型。

学习要点：用发丝修饰体积过大的头饰，使头饰与造型的结合更加自然，造型也更显灵动。

01 在顶区取一束头发，进行两股辫编发。

02 将编好的头发抽出层次。

03 将抽丝好的头发绕过后发区下方，在后发区左侧固定。

04 在后发区取一束头发，进行两股辫编发并抽丝。

05 将抽丝好的头发在顶区左侧固定。

06 将后发区剩余的头发进行两股辫编发并抽丝，在后发区下方固定。

07 对后发区的头发进行喷胶定型。

08 从顶区取一束头发，进行两股辫编发并抽丝，在头顶位置固定。

09 从刘海区取一束头发，进行两股辫编发并抽丝。

10 将抽丝好的头发固定好，对其表面进行适当抽丝。

11 取左侧发区的头发，进行两股辫编发并抽出层次。

12 将抽丝好的头发在头顶位置固定。

13 佩戴饰品，装饰造型。

14 将剩余散落的发丝用电卷棒烫卷。

15 将烫好的头发调整出层次，对饰品进行适当修饰。

学习要点：处理这款造型时，一定要调整好头顶位置的发丝层次，缺少层次的造型会显得很生硬。

01 佩戴花环，装饰造型。

02 调整刘海区头发的弧度并将其固定。

03 将右侧发区的头发向上打卷并固定。

04 在后发区取一束头发，进行两股辫编发。

05 将编好的头发抽出层次。

06 将抽好层次的头发在右侧发区固定。

07 将左侧发区的头发向上适当扭转并固定。

08 将后发区左侧的一束头发进行两股辫编发并抽出层次，在后发区左侧固定。

09 继续在后发区取头发，进行两股辫编发并抽出层次，在后发区固定。

10 将后发区剩余的头发进行两股辫编发并抽出层次。

11 将抽好层次的头发在后发区固定。

12 将剩余的散落发丝用电卷棒烫卷。

13 调整发丝的层次并适当修饰造型，对造型进行喷胶定型。

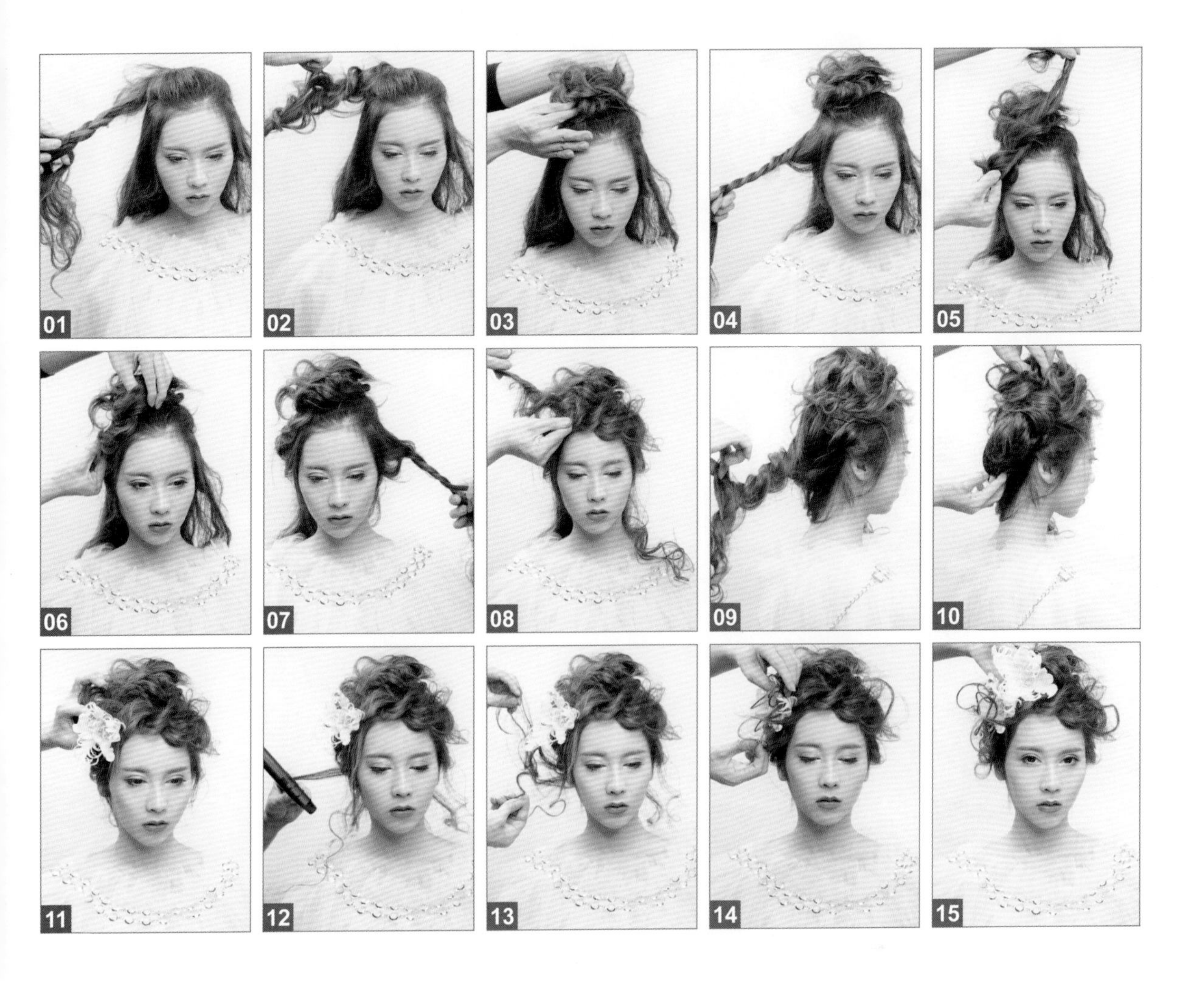

学习要点：最后处理发丝对造型的灵动感起到至关重要的作用，可以对头发进行少量喷胶，以配合定型。

01 将刘海区的头发向后扭转并进行三股辫编发。

02 将编好的头发抽出层次。

03 将调整好的头发在头顶位置固定。

04 将右侧发区的头发进行两股辫编发。

05 将编好的头发向上提拉并进行适当抽丝。

06 将调整好的头发在右侧发区上方固定。

07 将左侧发区的头发进行两股辫编发。

08 将编好的头发向右上方提拉并抽出层次。

09 将后发区的头发进行两股辫编发并抽出层次。

10 将调整好的头发向上提拉并在头顶位置固定。

11 在右侧发区佩戴造型花，装饰造型。

12 用电卷棒将剩余垂落的发丝烫卷。

13 将烫好卷的头发调整出层次。

14 将发丝向上提拉并固定。

15 继续佩戴造型花，装饰造型。

学习要点：右侧垂落的马尾要呈现蓬松而饱满的感觉，使造型更加灵动柔美。

01 将刘海区的头发向右侧发区梳理。

02 用波纹夹将刘海区的头发固定。

03 将所有头发在右侧发区收拢，从中取一束头发并缠绕在收拢的头发上。

04 将右侧发区的头发适当抽出层次。

05 将垂落的头发抽出一些层次。

06 从马尾中取一束头发，将其缠绕在马尾的中部，继续将头发抽出层次。

07 在头顶位置佩戴饰品，装饰造型。

08 在右侧发区佩戴饰品，装饰造型。

09 在马尾的缠绕处佩戴饰品，装饰造型。

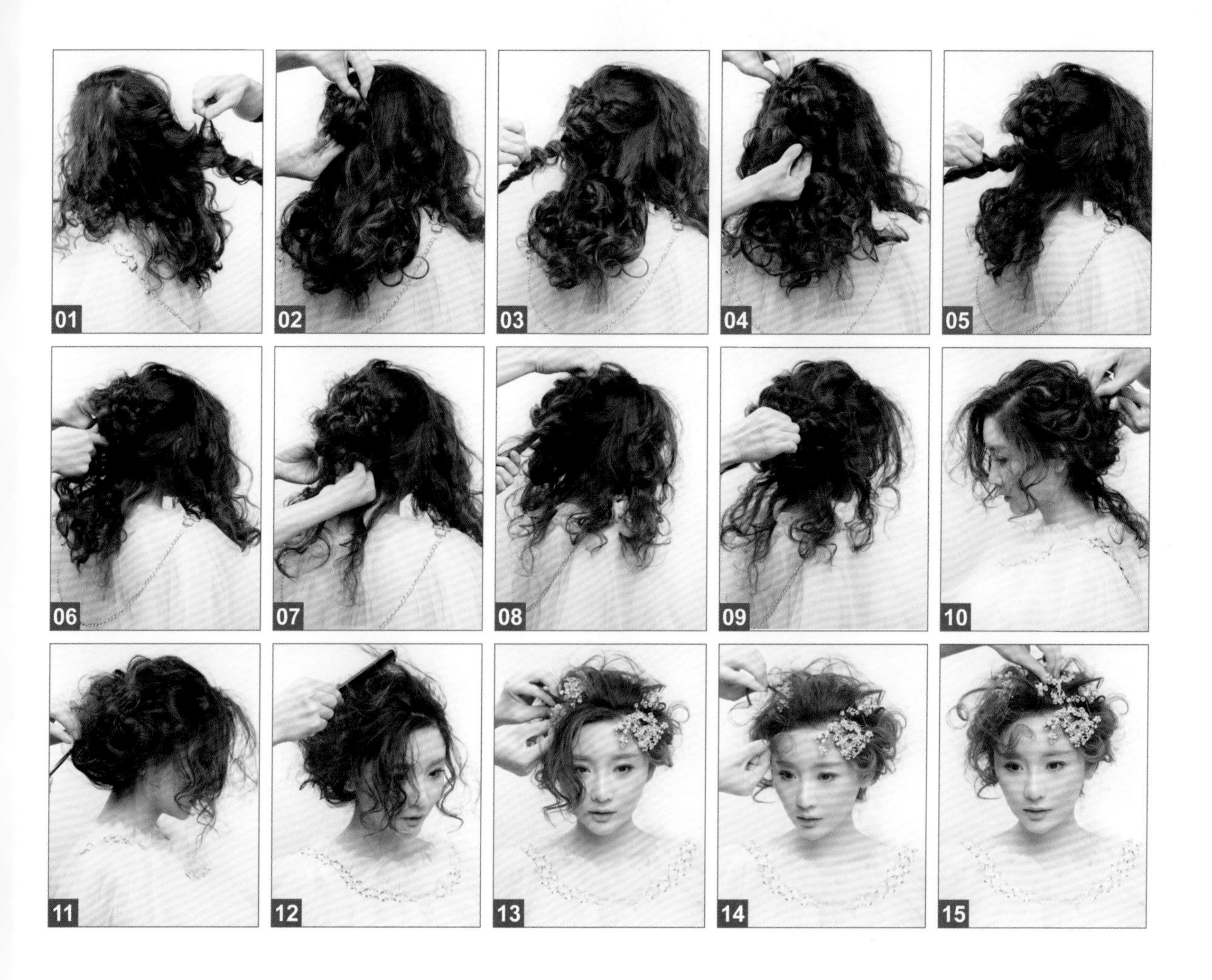

学习要点：额头位置的发丝如果不易固定，可以使用少量睫毛胶水将其定型。

01 在后发区取一束头发，进行两股辫编发并抽出层次。

02 将抽好层次的头发在后发区打卷，收起并固定。

03 从后发区右侧取一束头发，进行两股辫编发并抽出层次。

04 将抽好层次的头发绕至后发区左侧并固定。

05 在后发区下方取一束头发，进行两股辫编发并抽出层次。

06 将抽好层次的头发在后发区左侧固定。

07 从后发区左侧取一束头发，以同样的方式操作，在后发区右侧固定。

08 从顶区取一束头发，进行两股辫编发并抽出层次。

09 将抽好层次的头发在后发区右侧固定。

10 在左侧发区取一束头发，进行两股辫编发并抽出层次，在后发区固定。

11 用尖尾梳调整后发区下方剩余发丝的层次，向上提拉并固定。

12 将剩余的一些头发倒梳，使头发更有层次感。

13 佩戴鲜花，装饰造型。

14 调整剩余发丝的层次，用发丝适当对鲜花进行修饰。

15 继续佩戴鲜花，装饰造型。

学习要点：在佩戴饰品的时候要让头饰在鲜花的包围中，不要使它们完全脱离，使饰品之间结合得更自然。

01 从刘海区开始，将头发向后进行三带二编发。

02 继续向后编发，将后发区中间部分的头发编入其中。

03 将编好的头发适当抽出层次。

04 将发尾向下扣卷并固定。

05 将右侧发区的部分头发及后发区右侧的头发进行两股辫编发，适当抽出层次。

06 将调整好的头发横向提拉至后发区左侧并固定。

07 将左侧发区的部分头发和后发区左侧的部分头发进行两股辫编发并抽出层次。

08 将调整好的头发向后发区右侧提拉并固定。

09 将右侧发区剩余的头发进行两股辫编发并抽出层次。

10 将调整好的头发在后发区下方固定。

11 将左侧发区剩余的头发进行两股辫编发并抽出层次。

12 将调整好的头发在后发区下方固定。

13 佩戴花材饰品，装饰造型。

学习要点：在鲜花上并对额头位置修饰的发丝很关键，是使造型飘逸灵动的点睛之笔。

01 将顶区的头发用皮筋扎马尾。

02 将扎好的马尾用尖尾梳倒梳。

03 扭转倒梳好的头发，将其收拢后固定在头顶。

04 将右侧发区的头发向上提拉并扭转。

05 将扭转好的头发固定。

06 将左侧发区的头发进行两股辫编发，向上提拉并将其抽出层次。

07 将抽丝好的头发在头顶位置固定。

08 将后发区的头发进行三股辫编发。

09 将编好的头发向上打卷并固定。

10 将头顶的头发收拢并固定。

11 佩戴鲜花，装饰造型。

12 用发丝对鲜花进行适当修饰。

13 向上扭转并提拉后发区剩余的发丝。

14 用尖尾梳辅助将其调整出层次，向上提拉并固定。

15 调整剩余发丝的层次，修饰造型。

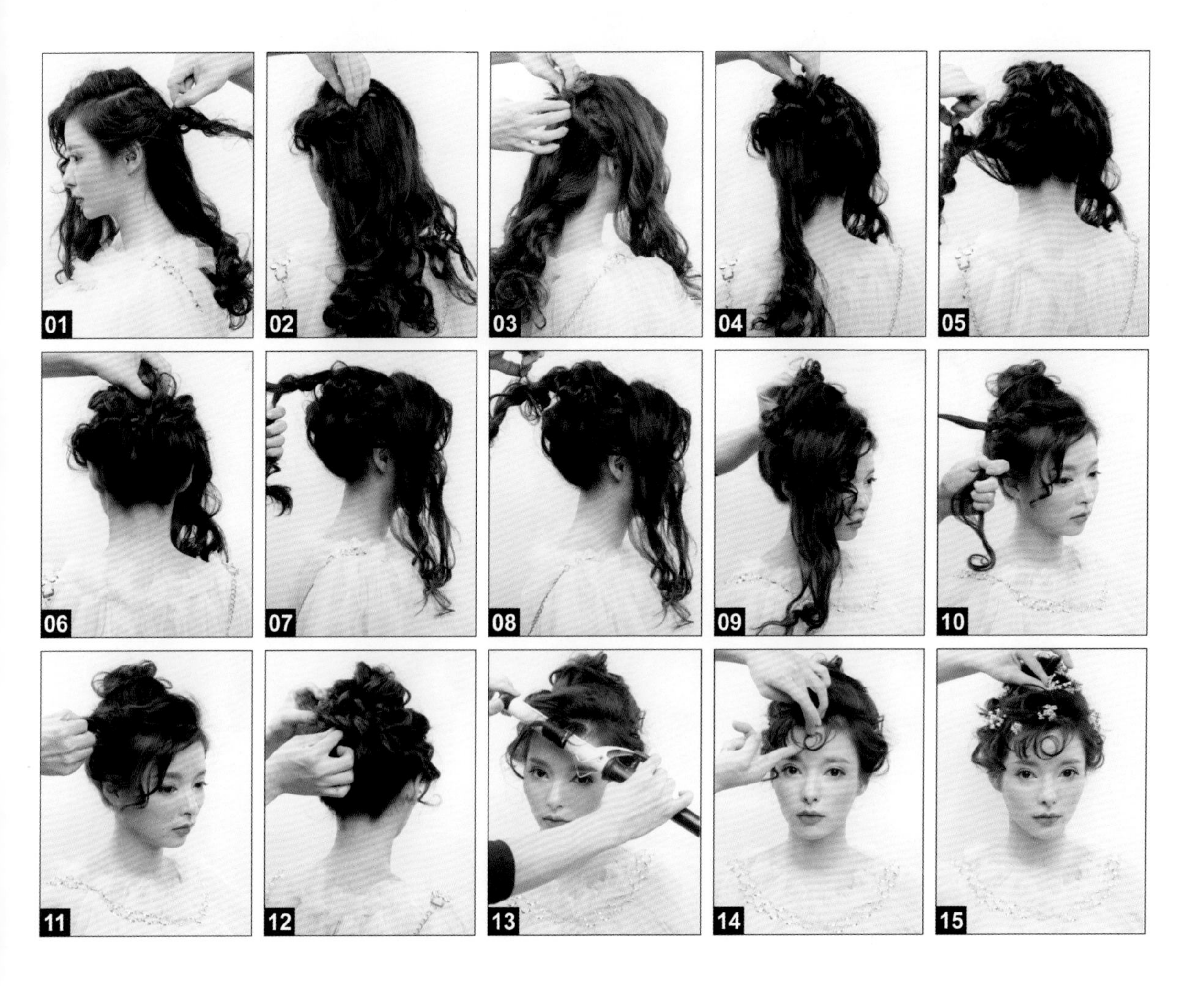

学习要点：处理好刘海区发丝的前提是电卷棒的烫卷要到位。将电卷棒以向下烫发的方式对头发进行烫卷。

01 将左侧发区的头发进行两股辫编发并抽出层次。

02 将抽丝好的头发在后发区固定。

03 将右侧发区的头发进行两股辫编发并在后发区固定。

04 在后发区取一束头发，进行两股辫编发并适当抽出层次，向上提拉并固定。

05 将后发区剩余的头发进行两股辫编发并抽出层次。

06 将抽丝好的头发向上提拉并固定。

07 将顶区的头发进行两股辫编发。

08 将编好的头发抽出层次。

09 将抽丝好的头发在顶区固定。

10 将刘海区的部分头发进行两股辫编发。

11 将编好的头发抽出层次。

12 将抽丝好的头发在后发区固定。

13 将刘海区剩余的头发用电卷棒向下烫卷。

14 调整烫好卷的头发的层次。

15 佩戴鲜花，装饰造型。

学习要点：两侧垂落的卷曲发丝不但使造型更加柔美，同时还起到修饰脸形的作用。

01 将顶区及部分后发区的头发扎马尾，调整发尾层次并将其固定。

02 将后发区下方的头发用电卷棒烫卷。

03 将刘海区及两侧发区的头发用电卷棒烫卷。

04 在后发区取一束头发并向上提拉并固定，保留发尾的卷度及层次。

05 继续在后发区取一束头发，向上提拉，扭转并固定，注意保留发尾的卷度。

06 对后发区的头发进行喷胶定型。

07 在刘海区取一束头发，进行两股辫编发。

08 将编好的头发隆起一定的高度，适当抽出层次。

09 将抽丝好的头发固定。

10 将右侧发区的头发进行两股辫编发并适当抽出层次。

11 将抽好层次的头发在后发区固定。

12 将左侧发区的部分头发进行两股辫编发并抽出层次。

13 将头发向上提拉，在后发区固定。

14 将左侧发区剩余的头发向上提拉，扭转并固定。

15 佩戴饰品，装饰造型。

学习要点：最后对发丝的处理很重要，刘海区、顶区和两侧发区表面层次丰富的发丝使造型更加柔美灵动。

01 将左侧发区的头发进行三股辫编发。

02 将右侧发区的头发进行三股辫编发。

03 在顶区取一束头发，进行三股辫编发。

04 将左侧发区的三股辫穿插在顶区的辫子中。

05 将右侧发区的三股辫穿插在顶区的辫子中。

06 将三条辫子固定在一起。

07 将后发区右侧的头发进行两股辫编发并抽出层次，将其固定在辫子上。

08 将后发区左侧的头发进行两股辫编发并抽出层次。

09 将抽丝好的头发固定在辫子上。

10 将右侧发区表面的发丝抽出层次。

11 将左侧发区表面的发丝抽出层次。

12 调整刘海区发丝的层次。

13 调整顶区表面发丝的层次。

14 佩戴饰品，装饰造型。

学习要点：不要让饰品完全露在外边，用发丝对其进行适当的遮挡，另外注意造型轮廓要饱满。

01 将顶区及后发区的头发在后发区下方扎马尾。

02 从马尾中取一束头发，进行两股辫编发。

03 将编好的头发适当抽出层次。

04 将抽丝好的头发在后发区左侧固定。

05 将后发区剩余的头发进行两股辫编发并抽出层次。

06 将抽丝好的头发在后发区右侧固定。

07 在刘海区取一束头发，进行两股辫续发编发。

08 将右侧发区的部分头发编入其中并抽出层次。

09 将抽丝好的头发在后发区固定。

10 将左侧发区的头发进行两股辫编发。

11 将头发适当抽出层次，在后发区固定。

12 在顶区佩戴头纱。

13 在刘海区上方佩戴饰品。

14 用电卷棒将剩余的发丝烫卷。

15 调整发丝细节层次并喷胶定型。

学习要点：固定在后发区的发辫使后发区整体造型层次更加丰富。

01 将顶区的头发在头顶位置扭转并固定。

02 将固定后剩余的发尾打卷并固定。

03 在顶区右侧取一束头发，打卷并固定，将剩余的发尾打卷并固定。

04 将右侧发区及后发区右侧的部分头发向上打卷并固定。

05 在后发区取一束头发，向上提拉，打卷并固定。

06 在顶区左侧取一束头发，向上打卷并固定。

07 固定好之后将剩余的发尾在后发区打卷并固定。

08 将左侧发区的头发向上提拉，打卷并固定。

09 固定好之后将剩余的发尾在后发区打卷并固定。

10 在后发区右侧取一束头发，进行两股辫编发并抽出层次。

11 将抽丝好的头发向上提拉并在后发区上方固定。

12 将后发区剩余的头发进行两股辫编发并抽出层次，向上提拉并固定。

13 将剩余的头发用电卷棒烫卷。

14 调整卷发的发丝层次，将发丝分别向上提拉并固定。

15 佩戴饰品，装饰造型。

学习要点：分片扎马尾可以将头发很好地收拢在一起，有利于塑造造型。

01 将后发区的头发在后发区上方扎马尾。

02 用发网套住马尾。

03 将套好的头发在后发区固定。

04 将右侧发区的头发向上提拉并扎马尾。

05 将马尾倒梳。

06 用发网套住马尾。

07 将套好的头发在顶区固定。

08 将左侧发区的头发向上提拉并扎马尾。

09 将马尾倒梳。

10 用发网套住马尾。

11 将套好的头发在顶区固定。

12 将剩余的发丝向上提拉并用尖尾梳倒梳，使造型更具有层次感。

13 佩戴饰品，装饰造型。

学习要点：此款造型是将编发抽丝和手摆波纹相结合。要注意的是，适当地佩戴饰品，弥补了发型的缺陷，并且使刘海区的波纹与其他区域的造型结合得更加紧密。

01 将顶区及后发区右侧的部分头发进行三股交叉，向下进行三带一编发，将后发区右侧的头发编入其中。

02 在后发区将编好的头发固定。

03 继续从左侧取头发，纵向进行三带一编发，将编好的头发适当抽出层次。

04 将发尾打卷，收拢并固定。

05 将后发区剩余的头发进行两股扭转，将头发抽出层次。

06 将抽丝好的头发在后发区左下方固定。

07 将右侧发区的头发进行两股扭转。

08 将扭转的头发适当抽出层次，在后发区固定。

09 将左侧发区的头发进行两股扭转，适当抽出层次，在后发区固定。

10 将刘海区的头发用波纹夹固定，用手将刘海区的头发摆出弧度，再用波纹夹固定。

11 继续将头发摆出弧度并用波纹夹固定。

12 将刘海的发尾在右侧发区向下扣卷并固定。

13 将刘海区左侧的头发摆出弧度并固定。

14 用波纹夹固定后将发尾收起并固定。喷胶定型，待发胶干透后取下波纹夹。

15 在头顶位置佩戴饰品，装饰造型。

学习要点：此款造型呈现出丰富的层次，而在打造这些层次时，刘海区及两侧发区的发丝最为重要，它们使造型更显唯美灵动。

01 将顶区的头发进行三股辫编发。

02 将编好的头发向上打卷，在顶区固定。

03 在后发区右侧取一束头发，进行两股辫编发并抽出层次。

04 将抽好层次的头发向上打卷并固定。

05 在后发区右下方取一束头发，进行两股辫编发并抽出层次。

06 在后发区将抽好层次的头发向上收起并固定。

07 将后发区左侧剩余的头发进行两股辫编发，抽出层次，向上提拉并固定。

08 将刘海区的部分头发进行两股辫编发并抽出层次，在后发区固定。

09 将右侧发区的头发进行两股辫编发并抽出层次，在后发区固定。

10 将左侧发区的头发进行两股辫编发并抽出层次。

11 将抽好层次的头发在后发区上方固定。

12 将左侧发区剩余的头发进行两股辫编发并抽出层次，在后发区固定。

13 将剩余垂落的发丝用电卷棒烫卷。

14 在头顶佩戴饰品，装饰造型。

15 调整烫卷发丝的角度和层次。

学习要点：对刘海区最后一束头发的处理是整体造型的点睛之笔，将这束头发打卷并固定在右侧波纹弧度的下方。

01 保留刘海区的头发，将剩余的头发在后发区扎马尾。

02 将马尾用尖尾梳倒梳。

03 将马尾表面适当梳理光滑。

04 用发网套住梳理好的马尾。

05 将套住的头发在后发区固定。

06 在刘海区左侧分出一些发丝，将刘海区剩余的头发用波纹夹向右侧固定。

07 用尖尾梳辅助将头发推出弧度。

08 将推出弧度的头发用波纹夹固定，继续用尖尾梳将头发推出弧度。

09 将刘海的发尾扭转，在右侧发区固定。

10 调整保留发丝的弧度，打卷并固定。

11 在头顶位置佩戴饰品，装饰造型。

12 在后发区佩戴饰品，装饰造型。

学习要点：此款造型主要利用刘海区及后发区下方头发的层次打造，搭配头纱及造型花，使整个造型显得仙气十足。

01 分出刘海区的头发。

02 将右侧发区的头发进行两股辫编发并扭转。

03 将扭转后的头发在后发区固定。

04 将左侧发区的头发进行两股扭转。

05 将扭转好的头发在后发区固定。

06 在后发区下方预留一些发丝。

07 将后发区剩余的头发向上打卷并固定。

08 用电卷棒将刘海区的头发烫卷。

09 用电卷棒将后发区下方的头发烫卷。

10 在头顶位置佩戴头纱，装饰造型。

11 在后发区位置将头纱抓出褶皱层次。

12 在头顶位置佩戴花环。

13 佩戴绢花，装饰造型。

14 调整发丝的层次，适当对饰品进行遮挡。

15 喷胶定型，使发丝层次更加自然。

BRIDE

新娘经典晚礼发型

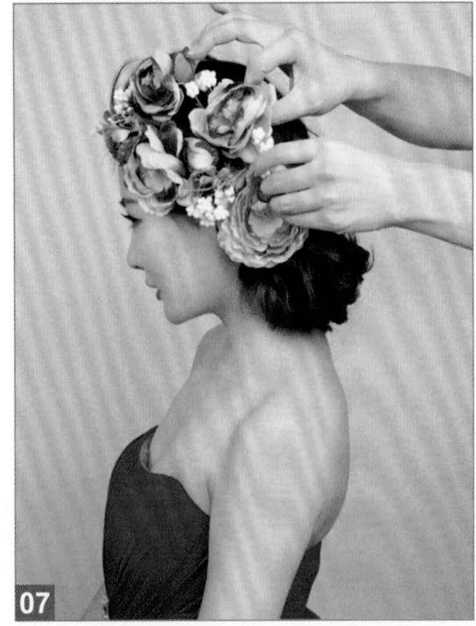

学习要点：将头发编向一侧，将发尾收起并固定，固定好之后将发尾调整出一定的层次，与造型花更好地结合。

01 在左右两侧发区取头发并相互交叉。

02 继续向下用三带二手法编发，将部分头发收拢。

03 将后发区下方剩余的头发编入辫子中。

04 将编好的头发在后发区左侧向上打卷并固定。

05 固定好之后，将头发抽出一定的层次。

06 在头顶左侧佩戴造型花，装饰造型。

07 继续佩戴造型花，使造型更加饱满。

学习要点：两侧发区保留的发丝要自然烫卷，这样的发丝和有空气感的刘海相互结合，使整体造型显得更加清新俏丽。

01 用电卷棒将刘海区的头发向下扣卷。

02 在两侧发区分别取一束头发，用电卷棒烫卷并保留。

03 将左侧发区的头发进行两股辫编发，在后发区固定。

04 将右侧发区的头发进行两股辫编发。

05 继续向后发区方向编发，边编发边带入右侧发区剩余的头发。

06 将编好的头发适当扭转，在后发区固定。

07 在后发区右侧取一束头发，与两侧发区编发的发尾结合，扭转并固定在后发区。

08 将后发区右侧的头发向后发区左侧提拉并扭转。

09 将扭转好的头发的发尾打卷，在后发区左侧固定。

10 将后发区剩余的头发从后发区左侧向上提拉并扭转。

11 将扭转好的头发固定。

12 在头顶位置佩戴饰品，装饰造型。

学习要点：鲜花的色彩与妆容及服装不是很协调，利用红色饰品起到了很好的协调作用，使整体造型更加和谐。

01 将刘海区的头发用三带二编发。

02 边编发边调整其角度，带入部分右侧发区的头发。

03 将编好的头发在右侧发区固定。

04 将顶区的头发向右侧发区进行扣卷。

05 将扣卷好的头发在右侧发区固定。

06 将左侧发区的头发在后发区扭转并固定。

07 将剩余的所有头发在后发区收拢并打卷。

08 将打卷的头发固定并对其轮廓进行调整。

09 在后发区左侧佩戴鲜花，点缀造型。

10 在右侧造型衔接处佩戴鲜花，点缀造型。

11 在刘海区与侧发区造型衔接处佩戴鲜花，点缀造型。

12 佩戴红色饰品，装饰造型。

学习要点：此款造型留出的垂落发丝要呈现自然的状态，并且将造型花穿插固定在辫子中，使造型更加柔美。

01 用三带一的手法将右侧发区的头发进行编发处理。

02 编发要呈现松紧适中的自然美感，用三股辫编发的手法收尾。

03 将编好的头发向上打卷并固定。

04 将顶区的一束头发用三带一的手法编发。

05 编发呈斜向下的角度，边编发边带入后发区右侧的头发。

06 调整编发的松紧并将其向右侧盘绕。

07 将盘绕好的头发在头顶位置固定。

08 将左侧发区的头发用三带一的手法编发。

09 编发要呈现自然的美感，边编发边带入后发区的头发。

10 将编好的头发在头顶位置固定。

11 在头顶位置佩戴造型花，点缀造型。

12 在发辫中穿插固定造型花，装饰造型。

学习要点：刘海区的头发在造型侧面呈现飘逸的层次感，不要将头发梳理得过于光滑，否则会使造型显得呆板。

01 将后发区右侧的头发向下打卷。

02 将打好的发卷在后发区右侧固定。

03 从后发区左侧取一束头发，向右侧提拉并打卷。

04 将打好的发卷在之前的发卷的下方固定。

05 将后发区剩余的头发打卷并固定。

06 将左侧发区的头发向右侧扭转并固定。

07 在右侧发区取部分头发，打卷并固定。

08 将右侧发区剩余的头发及刘海区的头发扭转后倒梳。

09 将倒梳好的头发在右侧固定。

10 佩戴蝴蝶结饰品，装饰造型。

学习要点：最外围的发丝丰富了造型的层次，使造型与蝴蝶饰品的搭配更加自然。

01 在顶区取一束头发，进行两股辫编发。

02 将编好的头发在右侧发区固定。

03 将固定好的头发的发尾向上打卷并固定。

04 在后发区取一束头发，进行两股辫编发。

05 将编好的头发适当抽出层次，在后发区向上提拉并固定。

06 在头顶左侧取头发，进行两股辫编发并抽丝。

07 将抽好层次的头发向上打卷并固定。

08 在后发区取一束头发，进行两股辫编发并抽丝。

09 将抽丝好的头发从后发区左侧向头顶位置提拉并固定。

10 在后发区左侧取一束头发，进行两股辫编发。

11 将编好的头发抽出层次后在头顶位置固定。

12 将刘海区的部分头发向后打卷并固定。

13 将剩余垂落的发丝用电卷棒烫卷。

14 将烫好卷的头发覆盖在造型表面，喷胶定型。

15 佩戴蝴蝶饰品，装饰造型。

学习要点：蝴蝶与花饰品穿插佩戴，不要把同样大小和色彩的蝴蝶和花佩戴在一起，否则会使造型缺乏生动感。

01 将右侧发区的头发分为两片，分别以三股辫反编的手法编发。

02 编好之后将头发抽出层次。

03 调整两条辫子的层次。

04 将两条辫子固定在一起。

05 从后发区右侧取一束头发，进行两股辫编发。

06 将编好的头发抽出层次，固定在之前的辫子上。

07 从头顶左侧取一束头发，进行两股辫编发，抽出层次，在右侧发区固定。

08 将左侧发区的头发进行两股辫编发，抽出层次，在右侧发区固定。

09 将后发区剩余的头发进行两股辫编发并抽出层次。

10 将抽丝好的头发在右侧发区固定。

11 对刘海区及左侧发区剩余的发丝用小号电卷棒烫卷。

12 调整烫好卷的头发的层次，佩戴饰品，装饰造型。

学习要点：在造型的时候可以随意散落少量发丝，最后将其用电卷棒烫卷，这样造型的层次就丰富起来了。

01 调整刘海区头发的弧度，用波纹夹将其固定。

02 将刘海区头发的发尾调整出层次，与右侧发区的头发结合，在右侧发区固定。

03 在后发区取一束头发，向前打卷并固定。

04 将左侧发区的头发进行两股辫编发并抽出层次。

05 将抽好层次的头发在左侧发区固定。

06 将后发区的头发倒梳，使其层次感更加丰富。

07 在后发区将头发向上收拢并固定。

08 用电卷棒将散落的发丝烫卷。

09 用电卷棒将造型表面的发丝烫卷。

10 喷胶定型，待发胶干透后取下波纹夹。

11 佩戴饰品，弥补左侧发区造型的缺陷，装饰造型。

12 固定饰品。

学习要点：刘海区的编发适当松散一些，这样在固定之后刘海区的头发会呈现自然丰富的层次。

01 将右侧发区和部分后发区的头发进行三带二编发。

02 将顶区和部分后发区的头发进行三带二编发。

03 将左侧发区和部分后发区的头发进行三带二编发。

04 将三个发辫分别用皮筋固定。

05 将后发区左侧发辫剩余的发尾进行鱼骨辫编发。

06 将编好的头发在后发区固定。

07 将后发区右侧发辫剩余的发尾进行鱼骨辫编发，在后发区固定。

08 将后发区剩余的头发进行鱼骨辫编发，向上提拉并固定。

09 将刘海区的头发向右侧进行三带一编发。

10 将编好的头发在后发区右侧固定。

11 对头发进行喷胶定型。

12 在后发区佩戴鲜花，装饰造型。

学习要点：造型花的佩戴使饰品与服装协调而不单调，注意用发丝对造型花进行适当修饰。

01 将顶区的头发收拢后用皮筋固定。

02 将固定好的头发用尖尾梳倒梳。

03 梳光头发表面，将头发在头顶位置打卷并固定。

04 在后发区继续将部分头发扎马尾。

05 将扎马尾的头发打卷并固定。

06 将左侧发区的部分头发向上提拉，扭转并固定。

07 固定好之后将剩余的发尾在头顶位置打卷并固定。

08 在头顶位置佩戴造型花。

09 将剩余的头发烫卷。

10 调整刘海区及右侧发区发丝的层次并将其固定。

11 将剩余的发尾在后发区下方固定。

12 将后发区下方的头发向上提拉并固定。

13 将左侧发区的头发调整出层次，向上提拉并固定。

14 在左侧发区佩戴饰品，装饰造型。

学习要点：抓纱造型使整体发型更加柔和，与鲜花之间的搭配不会显得很突兀。

01 将刘海区的头发向上用波纹夹固定。

02 将刘海摆出弧度后用波纹夹固定。

03 将刘海区头发的发尾及右侧发区的头发在右侧发区向下打卷并固定。

04 将后发区右侧的头发向下打卷并固定。

05 将后发区剩余的头发在后发区向下打卷并固定。

06 将左侧发区的头发倒梳。

07 以尖尾梳为轴，将左侧发区的一束头发向后扭转并固定。

08 将剩余的发尾在后发区打卷并固定。

09 喷胶定型，待发胶干透后取下波纹夹。

10 佩戴鲜花，装饰造型。

11 将纱抓出褶皱，在左侧固定。

12 将纱抓出褶皱层次，装饰造型。

学习要点：处理此款造型时，要注意刘海区头发的光滑感和饱满度，同时要使发型呈现自然的立体感，与饰品更好地搭配。

01 将刘海区的头发向右侧发区方向盘出弧度。

02 将盘好弧度的发尾收起并固定。

03 将弧度处理得圆润并使刘海表面的发丝光滑。

04 将左侧发区的头发向上提拉，扭转并固定。

05 将右侧发区的头发向上提拉并扭转。

06 将扭转好的头发在刘海区后方固定。

07 在头顶位置佩戴饰品。

08 将后发区左侧的头发向后打卷并固定。

09 将后发区右侧的头发打卷并固定。

学习要点：大气的红色水晶皇冠搭配简约干净的后盘发造型，使整体造型更显高贵大气，注意刘海区的翻卷弧度要自然圆润。

01 将右侧发区的头发向后发区方向扭转并固定。

02 将刘海区的头发从右侧发区向上翻卷。

03 将翻卷好的头发在后发区固定。

04 在后发区下发卡，横向固定头发。

05 从后发区右侧取一束头发，向上翻卷并固定。

06 从后发区下方取一束头发，向上翻卷。

07 将翻卷好的头发收紧并固定。

08 将后发区剩余的头发从左向右上方提拉并扭转。

09 将扭转好的头发固定，使后发区轮廓更饱满。

10 在头顶佩戴皇冠，装饰造型。

学习要点：整体造型呈现出比较收紧的感觉，其表面光滑干净。刘海区头发的弧度要饱满自然，高贵中带有俏丽的美感。

01 将刘海区的头发向下扣卷。

02 将扣卷好的头发向右上方提拉并固定。

03 将顶区的头发从后向前打卷。

04 将打好的发卷适当扭转并固定。

05 将右侧发区的头发向上提拉并扭转。

06 将扭转好的头发在刘海区后方固定。

07 固定好之后将剩余的发尾打卷并固定。

08 将左侧发区的头发向上提拉，扭转并固定。

09 固定好之后将剩余的发尾向后打卷并固定。

10 将后发区的头发向上提拉，扭转并固定。

11 固定好之后将剩余的发尾打卷并固定。

12 在左侧佩戴饰品，装饰造型。

学习要点：注意造型侧面的弧度，要使其形成过渡柔美，体现整体造型的高贵华美。

01 将顶区及后发区的头发倒梳，增加发量。

02 将倒梳好的头发表面梳理光滑并适量喷胶定型。

03 将顶区及后发区的头发在后发区收拢，用皮筋扎好。

04 将收拢好的头发向下扣卷并固定牢固。

05 将右侧发区的头发用波纹夹固定。

06 将固定之后的头发向前推出波纹效果，将推好弧度的头发用波纹夹固定。

07 继续将头发推出弧度并用波纹夹固定。

08 将剩余的发尾在后发区打卷并固定。

09 将刘海区的头发向右侧梳理并用波纹夹固定。

10 将固定之后的头发推出弧度，用波纹夹固定，向上翻卷，继续推出波纹效果并固定。

11 将左侧发区的头发推出弧度，用波纹夹固定，将固定之后的发尾向上翻转并固定。

12 喷胶定型，待发胶干透后将波纹夹取下。

13 在头顶佩戴皇冠，装饰造型。

学习要点：在头顶将各发区相互结合打卷时，注意要最终形成饱满的轮廓，可以调整打卷的方向，使其更具有层次。

01 将后发区右侧的头发向左侧提拉，扭转并固定。

02 将后发区左侧的头发向右侧提拉，扭转并固定。

03 从顶区的头发中分出一片，将其向上打卷并固定。

04 继续从顶区的头发中分出一片头发，使其隆起一定的高度，向上打卷并固定。

05 注意卷与卷之间形成的空间层次。

06 继续将顶区的头发向上打卷，使其形成一定的高度。

07 将右侧发区的发尾向后发区方向打卷并固定。

08 将顶区最后一片头发向上打卷并固定。

09 将后发区剩余的发尾向上提拉，打卷并固定。

10 将左侧发区的头发向后提拉，扭转并固定，将发尾向上打卷并固定。

11 将右侧发区的头发向上提拉，扭转并固定，将发尾打卷并固定。

12 将刘海区的部分头发向上隆起，打卷并固定。

13 将刘海区剩余的头发继续向上打卷固定。

14 在头顶位置佩戴皇冠，装饰造型。

学习要点：饱满而有层次的上盘造型用鲜花点缀，使造型在浪漫中具有高贵优雅的气质感。

01 在顶区取一束头发，进行两股辫编发。

02 将编好的头发向上打卷并固定。

03 在后发区右侧取一束头发，进行两股辫编发。

04 继续在头顶位置取一束头发，进行两股辫编发，将编好的头发抽出层次。

05 将抽丝好的头发向上打卷并固定。

06 从左侧发区取一束头发，进行两股辫编发并在顶区固定。

07 将剩余的头发用电卷棒烫卷。

08 在后发区分出一束头发，向上打卷。

09 继续将后发区剩余的头发分别向上提拉，打卷并固定。

10 调整刘海区头发的层次并喷胶定型。

11 在右侧发区取一束头发，向上扭转并固定。

12 继续将右侧发区的头发向上提拉，扭转并固定。

13 将左侧发区的头发向上提拉，扭转并固定。

14 将后发区左侧剩余的头发向上提拉，扭转并固定。

15 佩戴鲜花，点缀造型。

学习要点：后发区的编发很好地收拢了头发，并且使造型纹理更丰富。

01 从顶区取头发，向下进行三带二编发。

02 将后发区左侧三分之二的头发编入其中，用三股辫编发的形式收尾。

03 将编好的头发向上打卷，在后发区固定。

04 将后发区剩余的头发进行两股辫编发。

05 将编好的头发适当抽出层次。

06 将抽好层次的头发向上打卷，在后发区固定。

07 用尖尾梳倒梳刘海区的头发，调整刘海区发丝的层次。

08 将右侧发区的部分头发进行两股辫编发并抽出层次。

09 将抽好层次的头发在后发区固定。

10 将右侧发区剩余的头发以同样的方式操作，在后发区固定。

11 在左侧发区取一束头发，进行两股辫编发。

12 将头发抽出层次，在后发区固定。

13 将左侧发区剩余的头发进行两股辫编发并抽出层次，在后发区固定。

14 在额头处佩戴饰品，装饰造型。

新娘复古晚礼发型

学习要点：刘海区的头发要呈现自然的翻卷弧度，在右侧的打卷并固定牢固，使造型的曲线优美自然。

01 将刘海区的头发与右侧发区的头发结合，在右侧向上翻卷。

02 将翻卷好的头发在后发区固定。

03 将左侧发区的头发在后发区扭转并固定。

04 将后发区左侧的头发向后发区右侧扭转。

05 将扭转好的头发在后发区右侧固定。

06 固定好之后将头发的发尾连同后发区右侧的头发在右侧打卷并固定。

07 继续分出一片头发，向右侧打卷并固定。

08 从后发区左侧分出一片头发，向后发区右侧打卷并固定。

09 将后发区剩余的头发向右侧打卷并固定。

10 佩戴饰品，装饰造型。

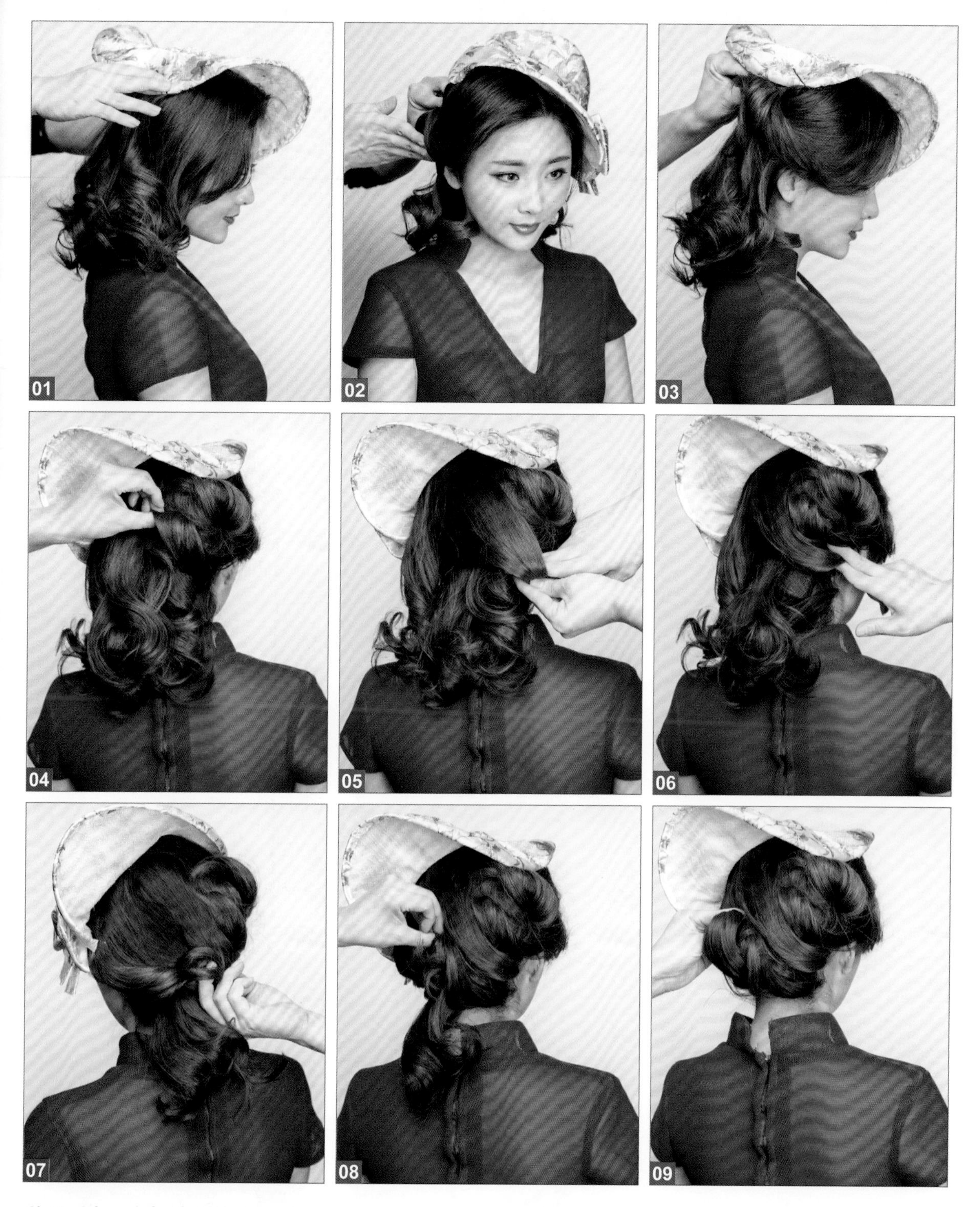

学习要点：在打造此款造型时，重点是刘海区头发的翻卷，将头发翻卷后适当向上提拉并固定，使其呈现更优美的弧度。

01 将帽子佩戴在头顶偏左侧。

02 将刘海区的头发在右侧发区适当向上翻卷。

03 将翻卷好的头发在靠近顶区帽子的下方固定。

04 从后发区右侧取一束头发，向上提拉，扭转并固定。

05 将顶区的一束头发向后发区右下方打卷。

06 将打好的卷固定。

07 将左侧发区连同部分后发区的头发在后发区扭转，打卷并固定。

08 从后发区下方取头发，向上提拉，打卷并固定。

09 将后发区剩余的头发向上打卷并固定。

学习要点：此款造型的重点是几条辫子之间相互的盘绕与固定，在打造造型的时候，要清楚造型最后所要呈现的是饱满的轮廓，在盘绕的时候注意向这个方向靠拢。

01 将刘海区的头发用三带二的手法编发。

02 继续向后方编发，边编发边带入右侧发区的头发，将编好的发辫用皮筋固定。

03 将左侧发区的头发向后扭转并固定。

04 将后发区连同右侧发区的头发进行三股辫编发。

05 继续将左侧发区连同右侧发区的头发进行三股辫编发。

06 将后发区剩余的头发进行三股辫编发。

07 将其中一条辫子向上盘绕并固定。

08 将刘海区的辫子在后发区固定。

09 将后发区最下方的辫子向左侧盘绕并固定。

10 将最后一条辫子向上收拢，盘绕并固定。

11 佩戴饰品，装饰造型。

学习要点：此款造型主要利用波纹夹辅助将头发推出弧度来完成，注意刘海区头发的弧度前后幅度较大，整体造型简约而复古。

01 将后发区的头发进行适当倒梳，向上翻卷并固定。

02 将顶区的头发在后发区推出弧度，用波纹夹固定。

03 将剩余的发尾在后发区打卷并固定。

04 喷胶定型，待发胶干透后取下波纹夹。

05 将右侧发区的头发用波纹夹固定。

06 将头发向后发区摆出弧度，用波纹夹固定。

07 继续将头发向后发区推出弧度，用波纹夹固定。

08 将左侧发区的头发在后发区推出弧度，用波纹夹固定。

09 将剩余的发尾在后发区下方收拢并固定。

10 对头发喷胶定型，待发胶干透后取下波纹夹。

11 将刘海区的头发推出弧度，用波纹夹固定。

12 继续将刘海区的头发向前推出弧度，用波纹夹固定。

13 将发尾向下扣卷并在右侧发区固定。

14 对头发喷胶定型，待发胶干透后取下波纹夹。

15 佩戴饰品，装饰造型。

学习要点：刘海区保留少量发丝单独处理，使刘海区的层次更加丰富。

01 将刘海区的头发收起，临时固定。

02 在左侧发区用波纹夹固定头发。

03 将左侧发区连同后发区的部分头发在后发区打卷并固定。

04 在右侧发区用波纹夹固定头发。

05 将右侧发区连同后发区的部分头发在后发区打卷并固定。

06 对后发区的头发喷胶定型。

07 分出刘海区的头发。

08 保留部分发丝，将刘海区剩余的头发以尖尾梳为轴向上翻卷并固定。

09 将固定好之后剩余的发尾打卷并固定。

10 将留出的发丝用电卷棒烫卷。

11 将烫好的发丝调整好层次，喷胶定型。

12 在头顶位置佩戴饰品，装饰造型。

13 佩戴造型花饰品，点缀造型。

学习要点：刘海区及后发区的发卷是造型的重点，打卷不要过于伏贴，要有一定的立体感。

01 将刘海区的头发用波纹夹固定。

02 将刘海区的部分头发打卷并固定。

03 将刘海区剩余的少量头发打卷并固定。

04 在头顶位置取一束头发，向右侧发区打卷并固定。

05 将右侧发区的头发在右侧发区打卷并固定。

06 在后发区取一束头发，向右侧发区打卷并固定。

07 在后发区取一束头发，向上打卷并固定。

08 将左侧发区的头发用波纹夹固定。

09 将左侧发区的头发在后发区向上打卷并固定。

10 将后发区剩余的头发向上打卷并固定。

11 喷胶定型，待发胶干透后取下波纹夹。

12 佩戴饰品，装饰造型。

学习要点：刘海区的头发在右侧发区的打卷要呈从后向前的走向，这个发卷丰富了造型的纹理。

01 将刘海区的头发临时固定。

02 将右侧发区的头发用波纹夹固定。

03 将固定后的头发向上打卷并固定。

04 从后发区取一束头发，向右侧发区打卷并固定。

05 从后发区取头发，向后发区右侧扭转并固定。

06 固定好之后将剩余的发尾向上打卷并固定。

07 将后发区剩余的头发及左侧发区的头发进行两股扭转，在后发区右侧固定。

08 取下右侧发区的波纹夹。

09 将刘海区的头发用波纹夹固定。

10 调整好刘海区头发的弧度，将发尾在右侧发区打卷并固定。

11 喷胶定型，待发胶干透后取下波纹夹并进行细致调整。

12 佩戴造型礼帽，装饰造型。

13 调整礼帽上的造型纱。

学习要点：整款造型要保持一定的光滑感，不要使发丝呈现凌乱的感觉。

01 将右侧发区的头发在后发区扭转并固定。

02 以尖尾梳为轴，将刘海区的头发向下扣卷。

03 固定好发卷，将发尾在后发区扭转并固定。

04 将左侧发区的头发在后发区扭转并固定。

05 在后发区横向多下几个发卡，在后发区左侧取头发并倒梳。

06 梳光头发表面。

07 将梳好的头发向上打卷并固定。

08 以同样的方式将后发区右侧的头发分片向上打卷并固定。

09 从后发区右侧取头发，向上打卷并固定在后发区右侧。

10 从后发区左侧取头发，向上打卷并固定在后发区中间。

11 将后发区剩余的头发向上打卷并固定。

12 佩戴饰品，装饰造型。

13 佩戴羽毛饰品，装饰造型。

学习要点：在后发区使用联排发卡，不仅方便头发向上打卷，而且可以将发卷固定牢固。

01 将刘海区的头发用波纹夹固定。

02 将除刘海区头发之外的头发向后发区梳理。

03 在后发区横向下联排发卡，固定头发。

04 从左侧取一束头发，向上打卷并固定。

05 从后发区右侧取一束头发，向上打卷并固定。

06 继续从后发区右侧取一束头发，向上打卷并固定。

07 将后发区剩余的头发向上打卷并固定。

08 将刘海区的头发向前推，适当对额头进行遮挡。

09 调整好头发的弧度，用波纹夹固定。

10 将剩余的发尾在左侧发区向下打卷并固定。

11 将剩余的发尾继续向下打卷并固定。

12 喷胶定型，待发胶干透后取下波纹夹。

13 佩戴饰品，装饰造型。

学习要点：刘海区有层次的头发适当遮挡了饰品，使造型和饰品结合得更加自然，并且造型层次更加丰富。

01 在后发区下联排发卡固定头发。

02 将后发区左侧的头发向上打卷并固定。

03 将后发区中间位的头发向上打卷并固定。

04 将后发区右侧的头发向上打卷并固定。

05 将左右两侧发区的头发调整好弧度后在后发区固定。

06 将刘海区的头发烫卷。

07 分别调整好发卷的弧度并固定。

08 在头顶位置佩戴饰品，装饰造型。

新娘气质
晚礼发型

学习要点：刘海区的隆起和顶区的隆起形成了一个空间，这个空间刚好用来佩戴饰品，让饰品呈现半隐半现的感觉。

01 将刘海区的头发扭转，隆起，向前推并固定。

02 将右侧发区的头发向上提拉，扭转并固定。

03 将顶区的头发扭转。

04 扭转好之后将头发向上翻卷，在顶区固定。

05 在头顶位置佩戴饰品。

06 将左侧发区的头发向上提拉并打卷。

07 将打好的发卷在顶区固定。

08 将后发区左侧的头发向上翻卷并固定。

09 继续在后发区取部分头发，向上打卷并固定。

10 将剩余的头发向上翻卷并固定。

学习要点：发带的运用起到承前启后的作用，在丰富了造型层次的同时，也使造型与服装的搭配更加协调。

01 从后发区右侧取头发，扭转并固定。

02 在后发区横向下发卡，将头发固定。

03 可以多下几个发卡，使其固定得更加牢固。

04 继续在后发区取一束头发，扭转并固定。

05 将刘海区的头发在后发区扭转并固定。

06 将后发区的部分头发向上翻卷并固定。

07 将后发区剩余的头发向上提拉并固定。

08 调整后发区头发的层次，使其呈现自然饱满的轮廓。

09 用发带对造型进行装饰。

10 在后发区佩戴饰品，装饰造型。

学习要点：发丝的纹理层次要自然，此款造型的难点是造型纱的固定，要使其呈现出飘逸自然的感觉，不能固定得过于死板。

01 将右侧发区的头发分出一片，向后扭转并固定。

02 继续分出一片头发，向后扭转并固定。

03 在后发区右侧取一束头发，向上提拉，扭转并固定。

04 继续从后发区取头发，向上提拉，扭转并固定。

05 将固定好之后剩余的发尾在后发区打卷并固定。

06 将顶区和后发区剩余的头发向上翻卷并固定。

07 将刘海区的头发翻卷并固定，调整刘海区头发的层次。

08 在头顶位置佩戴造型纱。

09 调整造型纱的层次并将其固定。

10 在头顶位置佩戴鲜花，对造型进行修饰。

学习要点：将刘海区的头发打卷时，注意对发卷角度的调整，刘海区整体呈收拢的状态，并且表面要有适当的蓬松感，不要过于光滑。

01 将刘海区的头发向下打卷并固定。

02 用尖尾梳调整固定好的头发的轮廓，并对细节位置的头发进行固定。

03 将左侧发区的头发向后提拉，扭转并固定。

04 将后发区的部分头发固定在刘海区。

05 用尖尾梳对刘海区造型的轮廓进行调整。

06 将后发区剩余的头发向左侧扭转并固定。

07 用手抽拉头发，调整其层次。

08 用尖尾梳辅助将头发自然地向上提拉并固定。

09 在左侧固定造型纱并适当对额头位置进行遮挡。

10 佩戴造型花，装饰造型。

学习要点：用造型纱适当对额头位置进行遮挡，这样做可以对模特过高的额头进行适当的修饰。

01 用尖尾梳辅助将刘海区的头发向下扣卷。

02 调整扣卷好的头发的轮廓并对其固定。

03 继续在顶区取一束头发，向右侧进行扣卷。

04 将扣卷好的头发剩余的发尾打卷并固定。

05 将剩余的所有头发在后发区扎马尾。

06 将扎好的马尾打卷并向左侧固定。

07 在左侧佩戴鲜花，装饰造型。

08 佩戴造型纱，装饰造型，用造型纱对面部适当遮挡。

09 将造型纱抓出丰富的层次。

学习要点：在对刘海区的头发扣卷的时候，可先将头发向上提拉一定的角度再向下扣卷，这样做可以使造型的轮廓更加饱满。

01 将左侧发区的头发进行三带二编发。

02 边编发边将头发带至后发区右侧。

03 带入右侧发区的头发，继续进行编发处理。

04 将编好的头发收拢并打卷。

05 将发尾形成的发髻固定。

06 将后发区底端的头发向上扭转。

07 将扭转的头发固定，并调整其层次。

08 将刘海区的头发向上提拉并倒梳。

09 将倒梳好的头发向下扣卷并固定。调整固定好的头发的弧度，使其轮廓更加饱满。

10 在后发区佩戴鲜花及抓纱，修饰造型。

学习要点：处理此款造型的时候，两侧发区的头发一定要梳理得光滑伏贴，这样整体造型给人的感觉会更加简约大气。

01 将后发区的头发在后发区下方扎马尾。

02 将左侧发区的头发梳理干净。

03 将梳理好的头发向后扭转并在后发区固定。

04 将右侧发区的头发梳理干净。

05 将梳理好的头发在后发区扭转并固定。

06 将固定好之后剩余的发尾缠绕在马尾上。

07 缠绕好之后将其固定。

08 将后发区的马尾打卷。

09 将打卷好的头发固定，用尖尾梳调整其层次。

10 佩戴饰品，装饰造型。

学习要点：刘海区的头发不需要做出起伏过大的波纹，有一个比较优美的弧度就可以了。

01 将刘海区的头发用波纹夹固定。

02 将刘海区的头发适当向前推出弧度，用波纹夹固定。

03 将刘海区的头发向后推并用波纹夹固定。

04 用尖尾梳辅助调整刘海区头发发尾的弧度。

05 将发尾扭转，在右侧耳后固定。

06 将剩余的发尾进行两股辫编发。

07 编发的时候适当向后提拉头发。

08 将编好的头发向上打卷并固定。

09 继续在后发区取一束头发，进行两股辫编发。

10 将编发带至后发区右侧。

11 收起发尾，将头发固定。

12 将后发区剩余的头发进行两股辫编发并固定。

13 喷胶定型，待发胶干透后取下刘海区的波纹夹。

14 佩戴礼帽饰品，装饰造型。

学习要点：刘海区的发丝层次要呈一种无序感，不要形成有规律的角度，这样可以使造型更加灵动。

01 将顶区的头发进行三股辫编发。

02 将编好的头发向上扭转并收拢，保留发尾层次后固定。

03 将右侧发区的头发进行两股辫编发并抽出层次。

04 将抽丝好的头发提拉至顶区并固定。

05 将后发区的头发进行两股辫编发。

06 将编好的头发提拉至顶区固定。

07 将左侧发区部分头发进行两股辫编发，抽出层次，提拉至右侧发区后固定。

08 将左侧发区剩余的部分头发进行两股辫编发，抽出层次，在顶区固定。

09 用尖尾梳将左侧发区剩余的头发倒梳，调整出层次后固定。

10 将右侧发区剩余的头发倒梳，调整层次后固定。

11 将刘海区的部分头发向上提拉并倒梳。

12 调整刘海区剩余头发的层次。

13 在头顶位置佩戴饰品，装饰造型。

学习要点：注意将顶区的头发向前打卷时摆放的位置，因为这些头发塑造了整体造型的高度和基本轮廓。

01 适当调整一下刘海区发丝的层次。

02 将顶区的头发向下扣卷。

03 使扣卷的头发隆起一定的高度并固定。

04 将顶区剩余的发尾继续打卷并固定。

05 将固定后剩余的发尾打卷并固定。

06 将右侧发区的头发向上提拉，打卷并固定。

07 将左侧发区的头发向上提拉，打卷并固定。

08 将后发区右侧的头发进行三股辫编发。

09 将编好的头发向上打卷并固定。

10 将后发区剩余的头发进行三股辫编发。

11 将编好的头发向上打卷并固定。

12 用造型纱呈发带形状固定在发髻周围。

13 佩戴饰品，装饰造型。

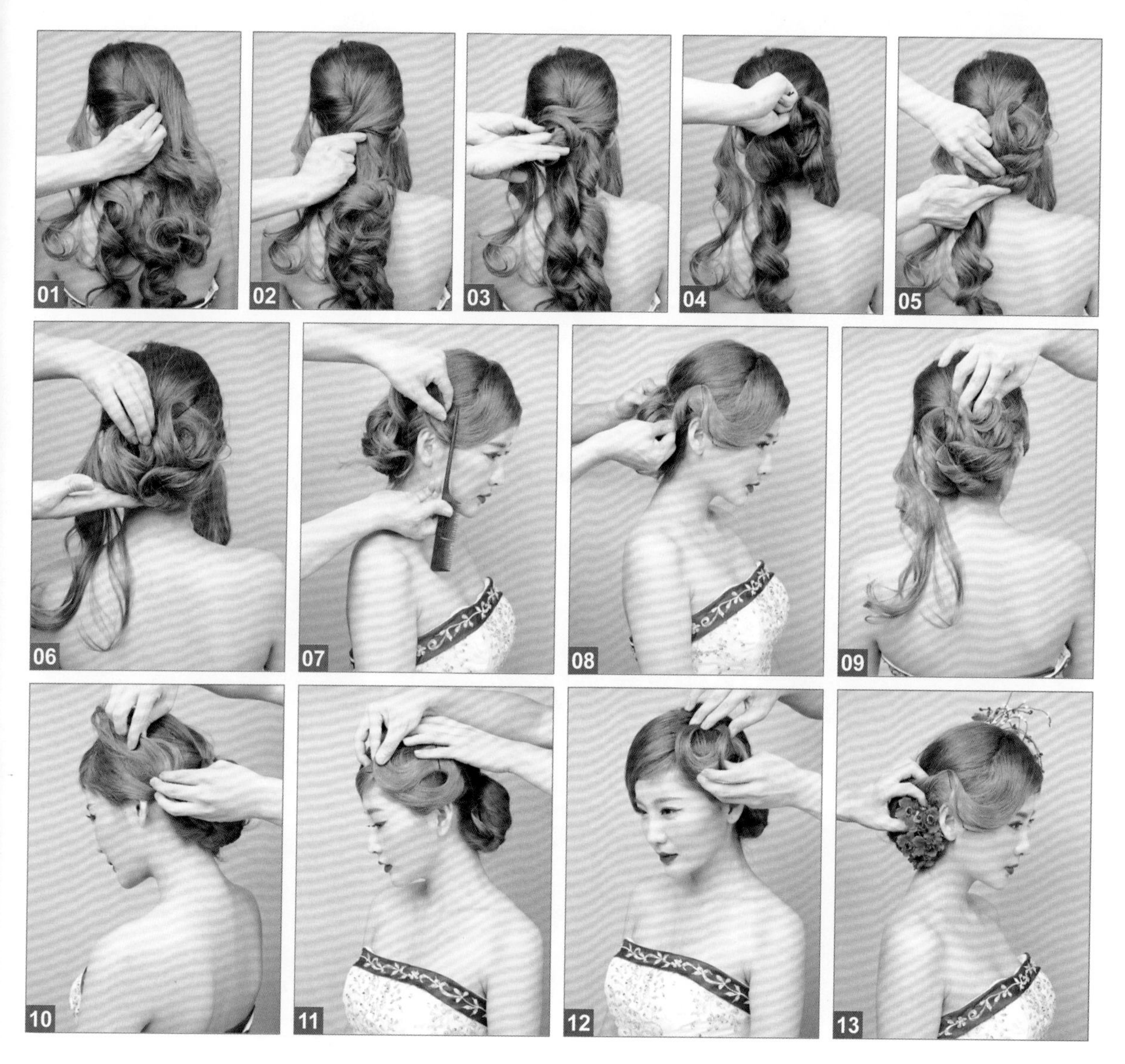

学习要点：注意左侧发区的头发从后向前的摆放方向，调整好头发的弧度，使其自然圆润。

01 将后发区左侧的头发横向向后发区右侧扭转并固定。

02 将后发区右侧的头发向后发区左侧扭转并固定。

03 从后发区分出一束头发，向上打卷并固定。

04 继续从后发区分出一束头发，向上打卷并固定。

05 调整造型的轮廓并进行细致的固定。

06 将后发区剩余的头发向上打卷并固定。

07 调整刘海区头发的弧度，适当对额头位置进行遮挡。

08 将刘海区头发的发尾向下扣卷并固定。

09 将剩余的发尾在后发区打卷并固定。

10 将左侧发区的头发摆出弧度并固定。

11 将发尾在额头处摆出弧度。

12 调整好弧度，将发尾收起并固定。

13 在左侧发区及后发区佩戴饰品，装饰造型。

BRIDE

新娘经典中式发型

学习要点：此款造型更加注重两侧发区的造型轮廓，在摆放及固定头发的时候，注意观察造型结构在两侧发区所呈现的弧度，适当的弧度可以使整体造型更加协调。

01 将刘海区的头发向左侧梳理。

02 将梳理好的头发向上打卷并固定。

03 将左侧发区的头发向上打卷。

04 将打好的发卷固定。

05 将后发区左侧的头发向右侧打卷。

06 将打好的发卷在后发区下方固定。

07 将右侧发区的头发打卷并固定。

08 将后发区剩余的头发向右侧打卷。

09 将打好的发卷在后发区下方固定。

10 在刘海后方佩戴饰品，装饰造型。

学习要点：饰品不但能起到点缀造型的作用，还对头发进行了固定。在打造造型时应充分发挥饰品的作用。

01 将后发区右侧的头发提拉，扭转并固定。

02 将后发区左侧的头发向右侧打卷并固定。

03 将后发区下方的头发向上打卷并固定。

04 将后发区剩余的头发倒梳。

05 将倒梳后的头发的表面梳光，将头发打卷并固定。

06 将顶区、右侧发区及部分左侧发区的头发倒梳。

07 将倒梳后的头发的表面梳光，在后发区扭转并固定，使造型轮廓饱满。

08 将刘海区的头发适当倒梳。

09 调整刘海区头发的弧度，用波纹夹固定。

10 用波纹夹固定左侧发区的头发。

11 将两侧剩余的发尾用电卷棒烫卷。

12 调整发尾发卷的弧度并将其固定。

13 喷胶定型，待发胶干透后取下波纹夹，对造型做细致调整。

14 佩戴饰品，装饰造型。

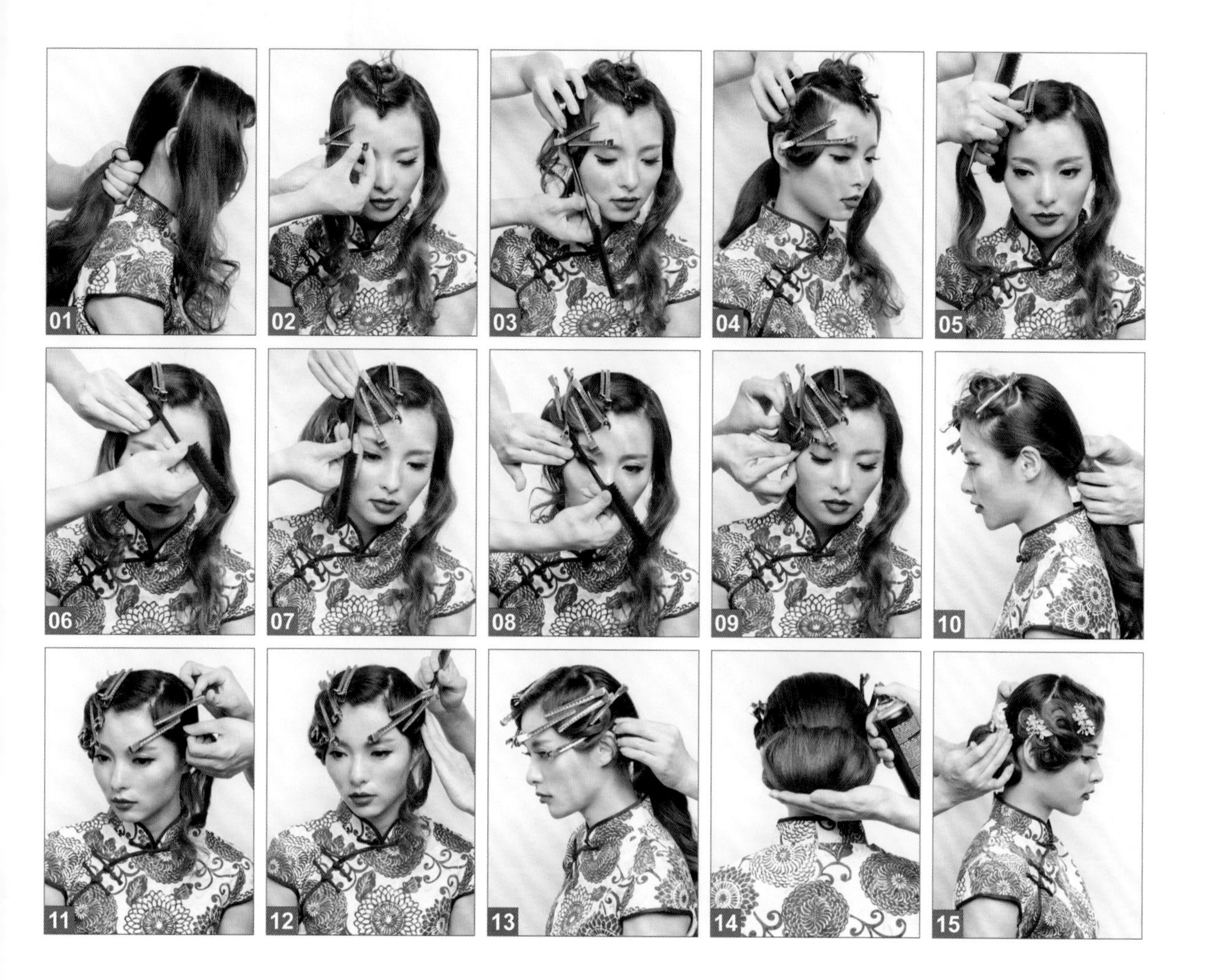

学习要点：将右侧发区和刘海区的头发分别做手推波纹，使波纹的层次更加丰富。

01 将后发区的头发在后发区下方扎马尾。

02 将右侧发区的头发用波纹夹固定。

03 用尖尾梳辅助调整好头发的弧度，将发尾带至右耳后。

04 将发尾打卷并固定。

05 将刘海区的头发用波纹夹固定。

06 用尖尾梳辅助将刘海区的头发推出弧度。

07 将推好弧度的头发用波纹夹固定，继续将头发推出弧度。

08 将推好弧度的头发用波纹夹固定，用尖尾梳辅助向下推出波纹弧度。

09 调整好波纹弧度后将发尾固定。

10 分出左侧刘海区的头发，将左侧发区剩余的头发缠绕在后发区马尾处并固定。

11 将左侧发区的头发摆出适合的弧度，用波纹夹固定。

12 固定好之后用尖尾梳辅助将头发推出弧度。

13 推好弧度后固定发尾，对固定波纹夹的头发进行喷胶定型。

14 将后发区的头发向上打卷并固定，调整好头发的饱满度后进行喷胶定型。

15 待发胶干透后取下波纹夹，佩戴饰品，装饰造型。

学习要点：顶区的头发在固定的时候要隆起一定的高度，这样可以使造型的轮廓更加饱满。

01 将后发区左侧的头发进行三带一编发。

02 将编好的头发在后发区向上扭转并固定。

03 从后发区右侧取一束头发，进行三带一编发。

04 将后发区所有头发编入辫子中。

05 将辫子在后发区左侧固定。

06 将顶区的头发扭转，使其隆起一定的高度后固定。

07 将固定后剩余的发尾进行两股辫编发并抽出层次。

08 将抽好层次的头发在后发区左侧固定。

09 将左侧发区的头发进行两股辫编发并抽出层次。

10 将抽好层次的头发在后发区下方固定。

11 将刘海区的头发向下扣卷并固定。

12 将固定后剩余的发尾向前打卷并固定。

13 将右侧发区的头发向上翻卷并固定，将剩余的发尾打卷并固定。

14 佩戴饰品，装饰造型。

学习要点：在刘海区打造的弧度是此款造型的重点，要用波纹夹将摆好的弧度处理得优美而伏贴，不要隆起得过高。

01 从后发区左侧开始进行两股辫编发。

02 将后发区下方的头发编入其中，扭转并固定。

03 将发尾在后发区右侧打卷并固定。

04 继续将后发区剩余的头发向上打卷并固定。

05 将刘海区的头发用波纹夹固定。

06 继续将刘海区的头发调整出一定的弧度，用波纹夹固定。

07 将剩余的发尾在后发区下方固定。

08 喷胶定型，待发胶干透后取下波纹夹。

09 在右侧发区佩戴饰品，装饰造型。

学习要点：刘海区的手推波纹与后发区的发卷要呈现造型结构的连贯性，不要有脱节的感觉。

01 用波纹夹将刘海区的头发固定，用尖尾梳辅助推出弧度。

02 将推好弧度的头发用波纹夹固定。

03 继续用尖尾梳辅助推出弧度。

04 用波纹夹将推出弧度的头发固定。

05 继续向下推出弧度，用波纹夹固定。

06 喷发胶为波纹定型，待发胶干透后取下波纹夹。

07 将右侧发区的头发向后发区扭转并固定。

08 将刘海区剩余的发尾向后发区扭转并固定。

09 将左侧发区的头发向后发区扭转并固定。

10 将后发区右侧的头发，打卷并固定。

11 在后发区左侧取头发，打卷并固定。

12 在后发区下方继续取头发，向上打卷并固定。

13 将后发区剩余的部分头发在后发区右侧打卷并固定。

14 将后发区剩余的头发在后发区左侧打卷并固定。

15 在后发区佩戴饰品，装饰造型。

学习要点：注意手摆波纹的弧度要圆润，另外叠加固定的位置也很重要，要使波纹呈现出丰富的层次。

01 将右侧发区的头发向上提拉，扭转并固定。

02 将刘海区中的一片头发摆出弧度并固定。

03 继续将刘海区剩余的部分头发摆出弧度并固定。

04 将刘海区剩余的头发摆出波纹弧度并固定。

05 从顶区借发继续摆出波纹弧度。

06 固定好之后调整波纹的层次，并对波纹进行细致的固定。

07 将左侧发区的头发向上提拉，扭转并固定。

08 将顶区的头发在后发区扎马尾，进行三股辫编发。

09 将编好的头发在后发区打卷并固定。

10 将后发区剩余的头发扎马尾，进行三股辫编发。

11 将编好的头发扭转，在后发区固定。

12 在后发区佩戴饰品，装饰造型。

学习要点：在打造刘海区的 8 字形弧度时，利用了手摆波纹的原理，其实很多造型手法适当地加以改变就可以呈现出更多的表现形式。

01 将刘海区的头发从后向前摆出弧度。

02 将摆出弧度的头发固定好，继续向前摆出一个 8 字形的弧度并固定。

03 将右侧发区的头发向前扭转并固定。

04 将固定之后剩余的发尾打卷并固定。

05 将左侧发区的头发扭转并固定。

06 将固定好之后剩余的发尾打卷并固定。

07 将剩余的头发在后发区扎马尾。

08 从马尾中分出一片头发，打卷并固定。

09 将马尾中剩余的头发在后发区打卷并固定。

10 佩戴饰品，装饰造型。

学习要点：在此款造型中，不论是下扣卷还是手打卷，都要呈现一定的空间感，不要将其固定得过于死板，这样才能使造型显得更加优雅大气。

01 将刘海区的头发在右侧向下扣卷。

02 将扣卷好的头发固定，调整其弧度。

03 将后发区右侧的部分头发在右侧向上打卷。

04 将打好的发卷固定，对其弧度做调整。

05 继续将后发区左侧的头发在右侧打卷。

06 将打好的发卷固定。

07 将左侧发区的头发向前打卷。

08 将打好的发卷固定。

09 在右侧佩戴饰品，点缀造型。

10 在左侧佩戴饰品，点缀造型。

学习要点：在对刘海区两侧的头发进行固定时，可用尖尾梳适当按压，这样除了能使头发更伏贴，还有助于调整头发的走向。

01 将后发区的头发在头顶扎马尾。

02 将扎好的马尾在后发区打卷并固定。

03 将右侧发区的头发向上提拉并倒梳。

04 将倒梳好的头发提拉，扭转并固定。

05 将左侧发区的头发向上提拉并倒梳。

06 在头顶位置将倒梳好的头发固定。

07 将刘海区左侧的头发推出弧度并固定。

08 将刘海区右侧的头发推出弧度并固定。

09 在头顶位置佩戴饰品，装饰造型。

10 在左侧发区佩戴饰品，装饰造型。

11 在头顶位置佩戴饰品，装饰造型。

12 在后发区右侧佩戴饰品，装饰造型。

学习要点：假发下方的发辫及假发的固定要牢固，它们都是造型轮廓的支撑。

01 将顶区一部分头发进行三股辫编发。

02 将编好的头发向上打卷并固定。

03 固定好之后将牛角假发在头顶位置固定。

04 用顶区剩余的头发遮挡住牛角假发，使顶区的头发呈现饱满的轮廓。

05 将遮挡牛角假发的头发在后发区扭转，收拢并固定。

06 将刘海区左侧的头发向后发区扭转并固定。

07 将刘海区右侧的头发向后发区扭转并固定。

08 将后发区剩余的头发进行三股辫编发。

09 将编好的头发用皮筋固定。

10 继续将辫子向上盘绕并固定。

11 在头顶偏左侧佩戴饰品，装饰造型。

12 在头顶偏右侧佩戴饰品，装饰造型。

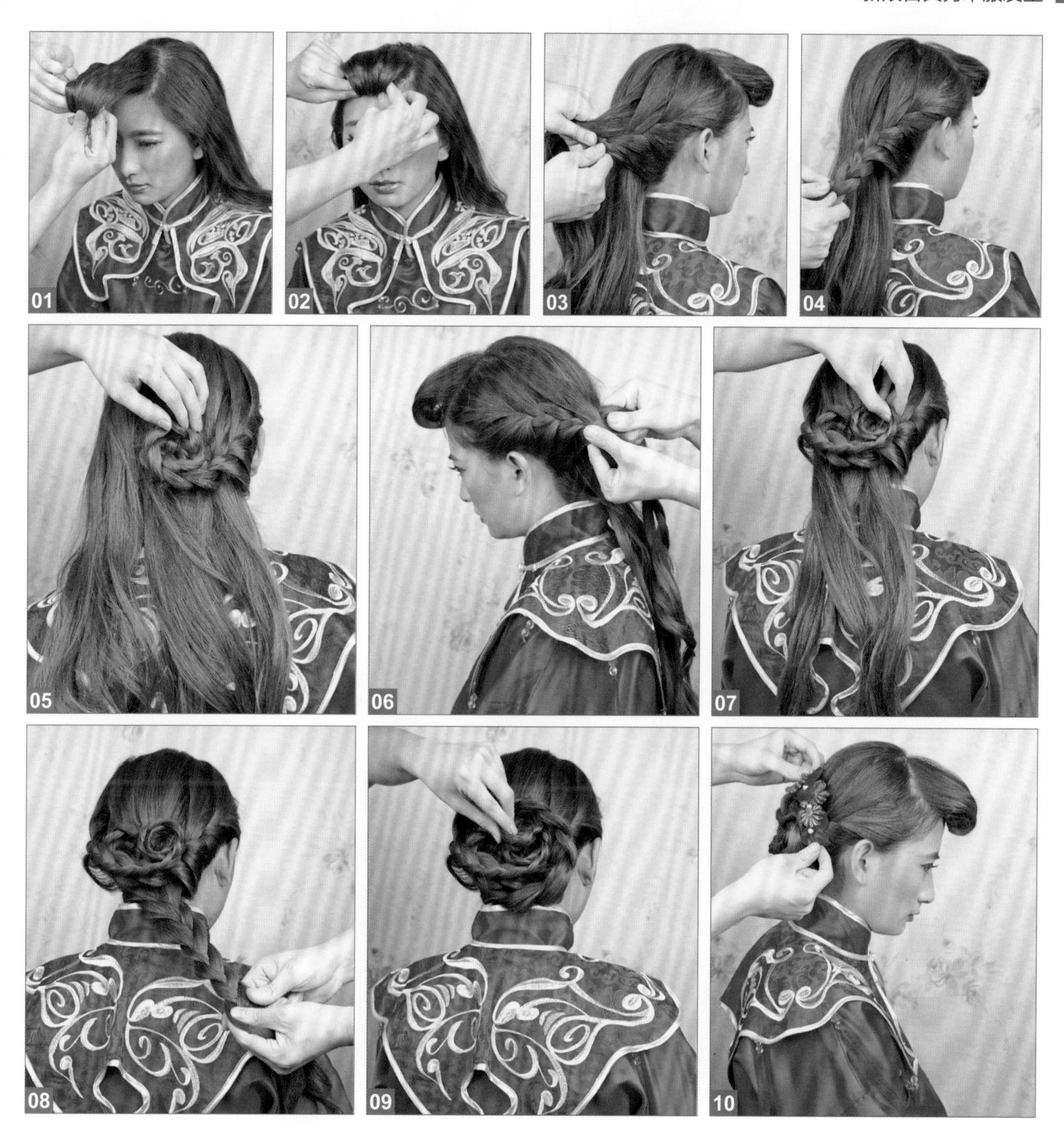

学习要点：注意刘海区的下扣卷造型，下扣卷要固定牢固、端正，要将发卡隐藏好。

01 将刘海区的头发向下扣卷。

02 将扣卷好的头发固定，对其弧度做调整。

03 将右侧发区的头发带入部分后发区的头发，进行三带二编发。

04 用三股辫编发的手法收尾。

05 将编好的头发向上打卷并固定。

06 将左侧发区的头发带入部分后发区的头发，进行三带二编发。

07 将编好的头发打卷，在后发区固定。

08 将后发区剩余的头发进行三股辫编发。

09 将编好的头发向上盘绕，打卷并固定。

10 佩戴饰品，装饰造型。

学习要点：将后发区的头发向上打卷时，要使其呈现比较有棱角的造型轮廓，在固定的时候要找合适的固定角度。

01 将左侧发区的头发向后带，进行两股辫续发编发。

02 将编好的头发在后发区固定。

03 右侧发区用同样的手法编发。

04 将编好的头发在后发区固定。

05 在头顶位置佩戴条形假刘海，装饰造型。

06 在后发区用多个发卡对头发进行固定。

07 将后发区的部分头发向上打卷。

08 将打卷好的头发固定。

09 将后发区剩余的头发向上打卷。

10 将打卷好的头发固定。

11 佩戴饰品，装饰造型。

12 在后发区佩戴饰品，装饰造型。

学习要点：要学会利用饰品来遮挡造型的缺陷，此款造型利用饰品修饰了顶区造型的不完美。

01 将刘海区的头发进行三股辫编发。

02 将编好的头发向前打卷。

03 将打好的发卷固定。

04 在额头位置佩戴心形假刘海。

05 固定的时候将发卡隐藏好。

06 将右侧发区的头发向上提拉，扭转并固定。

07 将左侧发区的头发向上提拉，扭转并固定。

08 将后发区的部分头发进行三股辫编发。

09 将编好的头发向上打卷，在造型左侧固定。

10 将后发区剩余的头发进行三股辫编发。

11 将编好的头发打卷，在造型右侧固定。

12 在头顶位置和后发区两侧佩戴饰品，装饰造型。

学习要点：如果新娘本身刘海区的头发较短，可以用波纹夹固定，使其更加伏贴，更具有古典美感。

01 用波纹夹固定两侧刘海区的头发，喷胶定型，使其更加伏贴。

02 将顶区的头发扭转，使其隆起一定的高度并固定。

03 固定好之后，将发尾在后发区打卷并固定。

04 从后发区取一束头发，打卷并固定。

05 将后发区右侧的部分头发扭转，使其呈现一定的饱满度并固定。

06 将后发区下方的头发向上打卷并固定。

07 将右侧发区的头发扭转，在后发区固定。

08 将左侧发区的头发扭转，在后发区固定。

09 取下波纹夹。

10 在两侧发区佩戴饰品，装饰造型。

11 在头顶位置佩戴饰品，装饰造型。

学习要点：刘海区的头发要有立体盘绕的弧度，尤其是造型最外围要呈现饱满的轮廓。

01 在刘海区取一束头发，打卷并固定。

02 继续取刘海区的头发，向前盘绕。

03 将盘绕固定好的头发的发尾收起并固定。

04 将顶区的头发在后发区扭转，适当向上推并固定。

05 将右侧发区的头发在后发区扭转并固定。

06 将左侧发区的头发在后发区扭转并固定。

07 将左侧发区头发的发尾向后发区右侧提拉，扭转并固定。

08 将右侧发区头发的发尾向后发区左侧提拉，扭转并固定。

09 将固定好的头发的发尾打卷并固定。

10 从后发区下方取部分头发，向上打卷并固定。

11 将后发区下方剩余的头发向上打卷并固定。

12 在头顶位置佩戴饰品，装饰造型。

13 在左右两侧发区佩戴饰品，装饰造型。

学习要点：后发区的上翻卷要呈现饱满的弧度，不要收得过紧，要使后发区的造型轮廓更加饱满。

01 将顶区的部分头发编发后固定，以做支撑。

02 在支撑的基础之上固定假发。

03 将顶区预留的头发用尖尾梳梳理并覆盖在假发之上。

04 在假发后方用发卡将头发固定牢固。

05 将左侧发区的头发向上提拉并扭转，在后发区固定。

06 将右侧发区的头发向上提拉并扭转，在后发区固定。

07 将刘海区右侧的头发向后扭转，在右侧发区固定。

08 将刘海区左侧的头发向后扭转并固定。

09 将后发区的头发向上翻卷并固定，适当调整其弧度。

10 佩戴饰品，装饰造型。

造型重点：将后发区的头发向上打卷时，要使后发区的造型饱满光滑，佩戴较多的金色古典饰品，使造型更显古典奢华感。

01 分出刘海区的头发。

02 将刘海区的头发进行三股辫编发。

03 将编好的头发在头顶中间位置固定。

04 将右侧发区的头发用尖尾梳倒梳，将头发表面梳理光滑，扭转并固定。

05 将左侧发区的头发倒梳，将表面梳理光滑，向后发区扭转并固定。

06 在后发区下发卡固定头发。

07 将后发区右侧的头发斜向上翻卷并固定。

08 将后发区左侧的头发打卷并固定。

09 将后发区剩余的头发向上打卷并固定。

10 佩戴饰品，装饰造型。

新娘古典
龙凤褂发型

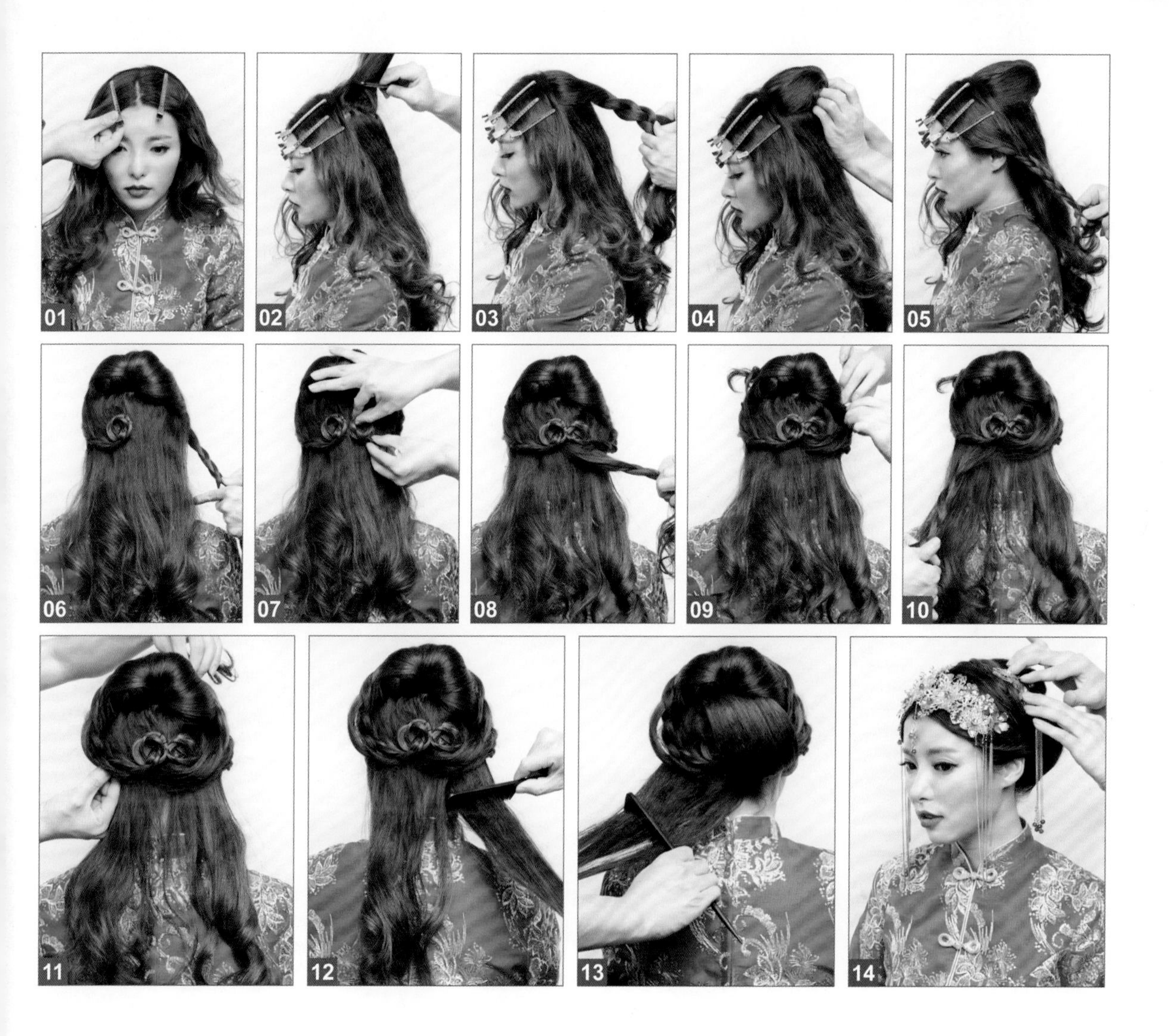

学习要点：顶区及后发区的造型要塑造出饱满的感觉，这样与饰品之间的搭配会更加协调。

01 将刘海区的头发中分，用波纹夹固定。

02 将顶区的头发向上提拉并倒梳。

03 将倒梳后的头发进行三股辫编发。

04 将编好的头发向下打卷，使顶区的头发隆起后固定。

05 将左侧发区的头发进行三股辫编发，在后发区打卷并固定。

06 将右侧发区的头发进行三股辫编发。

07 将编好的头发在后发区打卷并固定。

08 在后发区右侧取一束头发，进行三股辫编发。

09 将编好的头发从右侧向顶区提拉并固定。

10 将后发区左侧的头发进行三股辫编发。

11 将编好的头发从左侧向顶区提拉并固定。

12 将后发区右侧的头发倒梳，向上打卷并固定。

13 将后发区左侧的头发倒梳，向上打卷并固定。

14 佩戴饰品，装饰造型。

学习要点：后发区的马尾将后发区所有头发聚于一点，再将其他发区的头发向这个点收拢，这样造型的层次更加丰富并具有整体性。

01 将后发区的头发在后发区下方扎一条马尾。

02 将左侧发区的头发用尖尾梳辅助翻卷至后发区。

03 将翻卷好的头发在后发区固定。

04 将右侧发区的头发用尖尾梳辅助翻卷。

05 将翻卷好的头发在后发区固定。

06 将固定好之后剩余的发尾继续在后发区扭转并固定。

07 将剩余的发尾扭转，收拢并固定。

08 将后发区马尾中的部分头发向上打卷。

09 将打好的发卷在后发区左侧固定。

10 将剩余的马尾在后发区右侧向上打卷并固定。

11 佩戴饰品，装饰造型。

学习要点：此款造型的重点是后发区的造型轮廓，可以用尖尾梳的尖尾进行细致的调整，使造型轮廓更加饱满。

01 用尖尾梳划分出刘海区的头发，将其梳理光滑。

02 将刘海区及左侧发区的头发做上翻卷。

03 将翻卷好的头发在后发区固定。

04 将右侧发区的头发向上扭转并固定。

05 固定好之后对其弧度进行调整，使造型的轮廓更加饱满。

06 将翻卷好的刘海的发尾进行三股辫编发。

07 将编好的头发在后发区固定。

08 将后发区右侧的头发在右侧打卷。

09 将打卷并固定好的头发的弧度进行调整，使其轮廓更加饱满。

10 将后发区左侧剩余的头发向上打卷。

11 调整发卷的轮廓，使后发区的造型衔接得更自然。

12 在后发区佩戴饰品，点缀造型。

13 继续佩戴饰品，点缀造型。

学习要点：因为整个造型是靠编发的相互衔接完成的，所以在编发的时候，要注意对发辫松紧的把握，尤其是后发区的编发，要通过对编发角度的调整来控制后发区的造型轮廓。

01 在左侧发区取一束头发，用三带一的手法向下编发。

02 将刘海区的头发覆盖在之前的编发上，用三带一的手法编发。

03 将编好的头发在后发区左侧固定。

04 在右侧发区取一束头发，并用三带一的手法向后编发。

05 将编好的头发在后发区左侧固定。

06 将右侧发区剩余的头发用三带一的手法向后编发，注意编发时可适当松散些。

07 将编好的头发固定在之前编发的下方。

08 将后发区剩余的部分头发用三带一的手法编发。

09 将编发收尾并打卷，在后发区固定。

10 将后发区剩余的头发向右侧提拉，进行三带一编发。

11 将编好的头发收尾并打卷，在后发区固定。

12 在后发区佩戴饰品，点缀造型。

学习要点：最后处理刘海区预留的头发是为了更好地塑造造型的饱满度。

01 将顶区的头发打卷，使其隆起一定的高度并固定。

02 将左侧发区的头发斜向上提拉并打卷。

03 将打好的发卷固定，与顶区的头发相互衔接。

04 将右侧发区的头发斜向上提拉并打卷。

05 将打好的发卷固定，与顶区的头发相互衔接。

06 将刘海区预留的头发向上提拉并倒梳。

07 将倒梳好的头发覆盖在顶区的头发之上，在后发区将其固定。

08 在后发区取一片头发，向上扭转并固定。

09 将后发区部分头发进行松散的三股辫编发，将其向上打卷并固定。

10 将后发区剩余的头发进行三股辫编发。

11 将编好的头发向上打卷并固定。

12 在后发区佩戴饰品，装饰造型。

学习要点：在固定饰品上的链子时，要使其呈现较为流畅的弧度，并且使左右基本对称。

01 将后发区的头发在后发区下方扎马尾。

02 将右侧发区的头发处理伏贴，在侧发区扭转。

03 将扭转好的头发固定。

04 将左侧发区的头发用同样的方式处理。

05 固定好之后将发尾继续扭转并固定。

06 将两侧发区的发尾在后发区衔接并固定在一起。

07 将后发区的部分头发向上打卷并固定。

08 将后发区剩余的头发向上打卷并固定。

09 在头顶位置佩戴饰品，装饰造型。

10 对饰品上的链子进行固定。

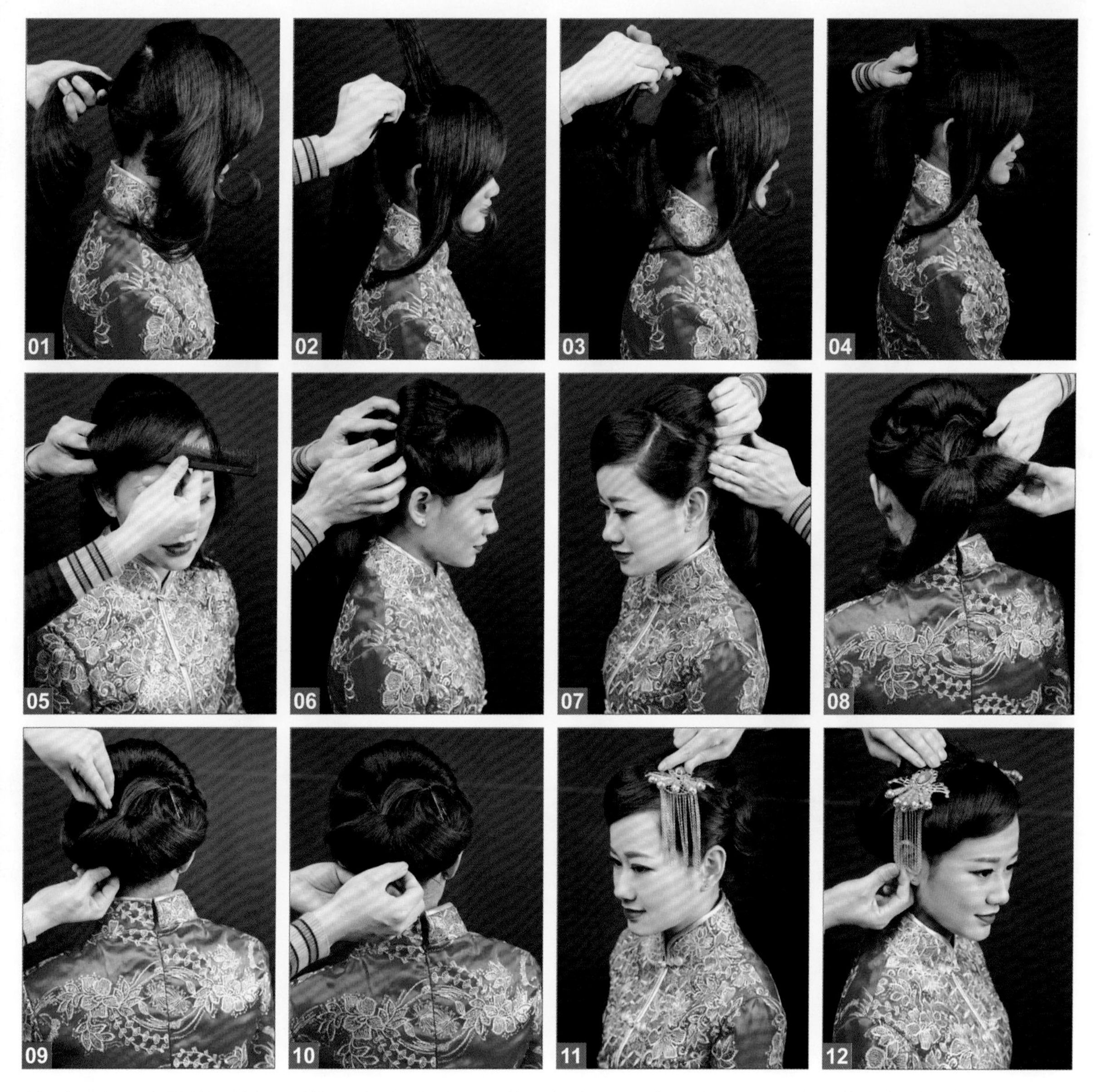

学习要点：此款造型刘海区的下扣卷造型呈现的不仅仅是一个弧度，而是中间带有起伏感的弧度，可以用尖尾梳对其进行细致调整，达到这种效果。

01 将后发区的头发在后发区扎一条马尾。

02 将顶区的头发向上提拉并倒梳。

03 将倒梳好的头发表面梳理得光滑干净。

04 将头发收拢并打卷，隆起一定的高度并固定。

05 将刘海区的头发用尖尾梳辅助向下扣卷。

06 扣卷固定好之后将剩余的发尾扭转，在后发区上方固定。

07 将左侧发区的头发向后打卷，在顶区固定。

08 从马尾中分出部分头发，向上打卷并固定。

09 将马尾中剩余的头发向上打卷并固定。

10 调整固定好的后发区的造型轮廓。

11 在顶区左侧佩戴饰品，装饰造型。

12 在顶区右侧佩戴饰品，装饰造型。

学习要点：此款造型的操作方法是顶区向刘海区两侧借发造型，而顶区的马尾起到非常重要的作用，可以便于对发片提拉。

01 将刘海区的头发扎马尾。

02 将刘海区的头发向前打卷并调整其弧度。

03 用发卡将发卷固定，使发卷更加牢固、端正。

04 将右侧发区的头发用发卡固定。

05 固定好之后将头发向前打卷并固定。

06 将左侧发区的头发向后用发卡固定。

07 固定好之后将头发向前打卷并固定。

08 将顶区的头发扎马尾。

09 将马尾中的头发向前打卷并固定。

10 将后发区部分头发扎马尾。

11 将马尾中的头发向上提拉并固定。

12 固定好之后向前打卷并固定。

13 将后发区剩余的头发向上提拉，扭转，打卷并固定。

14 在两侧佩戴饰品，装饰造型。